電子電路實作技術

蔡朝洋　編著

全華圖書股份有限公司

序 言

　　有的人在吃飽後，就和植物一樣種在沙發裡一動也不動的看電視。有的人，一有空閒就把車馬砲和棋盤請了出來，廝殺一番而自得其樂。更有許多人把 R、L、C 和電晶體、IC、電烙鐵從百寶箱中翻出來後即埋頭苦幹，其廢寢忘食渾然忘我之個中樂趣，實非外人所能體會。

　　然而有許多電子製作的初學者，在依線路圖搜購了所需零件，而快馬加鞭的照圖配線後，卻發覺動作情形和預期的效果出入頗大。電子學、電晶體學、電子電路分析等理論書籍雖然讀了滿肚子，但卻硬是使用不上而束手無策，真是滿腹經綸而感嘆英雄無用武之地。此時此刻不是破口大罵線路不好、零件不佳，就是沮喪氣餒、自怨自艾。無情的狠狠踩熄剛燃起的興趣之火。數天之後，電子製作的那股魔力再使他不服輸的動手時，歷史往往又再度重演了。

　　理論真的和實際脫節的這麼離譜嗎？其實不然。理論和實作的技術是相輔相成的。理論要靠實際來支持，而實作技術也要以理論為後盾。只是初學者尚未能將其結合而已。假以時日，初學者們定能發現理論對於技術的進展是很有幫助的。

　　筆者編寫的「實用家庭電器修護」及「最新三用電表」由全華科技圖書公司出版後，受到眾多讀者的愛護與支持，並有甚多讀者來信鼓勵，謹此由衷致謝。由眾多來信中，發覺大部份讀者都希望筆者繼續本著實用的原則，編寫有關電子製作方面的書籍。是的，市面上的理論書籍和線路圖集已可算是非常齊全了，唯獨教導初學者如何動手去做的書籍，卻如鳳毛麟角異常缺乏。業餘的電子製作者確實需要有一本只注重實作技術而不涉及高深理論的實作書籍。為了彌補理論書籍與線路圖集之間的罅縫，並答謝讀者們之雅愛，乃有本書之作。

　　無論多複雜的電路，都是由一些基本電路組合而成的，如果對各種常用的基本電路有紮實的根基，則遇到複雜的電路亦能駕輕就熟應付裕如，因此本書特別注重基本電路之訓練，舉凡一般常用的基本電路都加以網羅而組成一些實用有趣的裝置。相信讀者們若用心的作完本書的每一個電路，定能奠定穩固的基礎，而有能力、有信心自己去做更深入一層的研究。

在「實作篇」之前的「基礎篇」，是專爲初學者而寫的，相信對初學者進入電子製作的領域，有不少的幫助。

編者才疏學淺，經驗見識有限，疏漏之處或在所難免，尚祈各位先進及讀者諸君惠予指正是幸！

蔡 朝 洋 謹識

編輯部序

preface

　　「系統編輯」是我們的編輯方針，我們所提供給您的，絕不只是一本書，而是關於這門學問的所有知識，它們由淺入深，循序漸進。

　　現在，我們將這本「電子電路實作技術」呈現給您。市面上有關電子理論書籍和線路圖集已是十分齊全了，唯讀教導初學者如何動手去做的書籍，卻十分缺乏，常造成初學者的挫折感，失去再探討的興趣，故全華特請專家，推出電子實作一書以饗讀者。無論多複雜的電路，都是由一些基本電路組合而成，如果能對各種常用的基本電路有扎實的根基，則遇到複雜的電路，亦能駕輕就熟做更深一層的研究，因此本書特別注意基本電路之訓練，舉凡一般的基本電路都加以網羅，而組成一些實用而有趣的裝置，如電子琴、對講機、電子搶答機、電子輪盤遊樂器……等 20 餘種。本書非常適合職訓、高職、五專實習參考。

　　同時，為了使您能有系統且循序漸進研習相關方面的叢書，我們以流程圖方式，列出各有關圖的閱讀順序，以減少您研習此門學問的摸索時間，並能對這門學問有完整的知識。若您在這方面有任何問題，歡迎來函連繫，我們將竭誠為您服務。

相關叢書介紹

書號：0643871
書名：應用電子學(第二版)(精裝本)
編著：楊善國
20K/496 頁/540 元

書號：06490
書名：Altium Designer 電腦輔助電路
設計－疫後拼經濟版
編著：張義和
16K/520 頁/580 元

書號：0629602
書名：專題製作－電子電路及 Arduino
應用
編著：張榮洲.張宥凱
16K/232/370 元

書號：06159017
書名：電路設計模擬－應用 PSpice 中
文版(第二版)(附中文版試用
版及範例光碟)
編著：盧勤庸
16K/336 頁/350 元

書號：0512904
書名：電腦輔助電子電路設計－使用
Spice 與 OrCAD PSpice
(第五版)
編著：鄭群星
16K/616 頁/650 元

書號：06323037
書名：LabVIEW 與感測電路應用
(第四版)(附多媒體、範例光碟)
編著：陳瓊興
16K/440 頁/600 元

◎上列書價若有變動，請以
最新定價為準。

流程圖

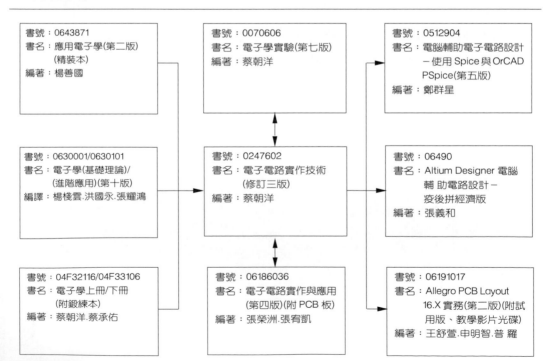

書號：0643871
書名：應用電子學(第二版)
(精裝本)
編著：楊善國

書號：0630001/0630101
書名：電子學(基礎理論)/
(進階應用)(第十版)
編譯：楊棧雲.洪國永.張耀鴻

書號：04F32116/04F33106
書名：電子學上冊/下冊
(附鍛練本)
編著：蔡朝洋.蔡承佑

書號：0070606
書名：電子學實驗(第七版)
編著：蔡朝洋

書號：0247602
書名：電子電路實作技術
(修訂三版)
編著：蔡朝洋

書號：06186036
書名：電子電路實作與應用
(第四版)(附 PCB 板)
編著：張榮洲.張宥凱

書號：0512904
書名：電腦輔助電子電路設計
－使用 Spice 與 OrCAD
PSpice(第五版)
編著：鄭群星

書號：06490
書名：Altium Designer 電腦
輔 助電路設計－
疫後拼經濟版
編著：張義和

書號：06191017
書名：Allegro PCB Layout
16.X 實務(第二版)(附試
用版、教學影片光碟)
編著：王舒萱.申明智.普 羅

目 錄

基礎篇

contents

contents

contents

contents

附 錄

contents

基礎篇

　　我們沒有統計過，不過我們相信，一定有不少的朋友們，有自己的實驗檯。也許那是書桌、也許是飯桌。但有更多的時間，他們在這張桌子上聚精會神、廢寢忘食的玩弄那些別人看來莫測高深的電子零件。電阻器、電容器、電晶體、LED、SCR……這些玩藝兒究竟有什麼吸引人的地方呢？這就恐怕只有曾經玩過的人才知道。

　　下象棋之前，必須先認識將、士、象、車、馬、包、卒等幾個棋子，同時也要懂得一些簡單的規則，諸如相是走田、馬走日……，才能拼個你死我活。

　　學習電子技術也是如此，必須先認識一些電阻器、電容器……等電子零件。還要懂得能夠買到那些規格的零件？這些零件各有何特點？如何判斷零件之良否？如何才能作好銲接工作？……然後，才能拿起烙鐵大幹一場。

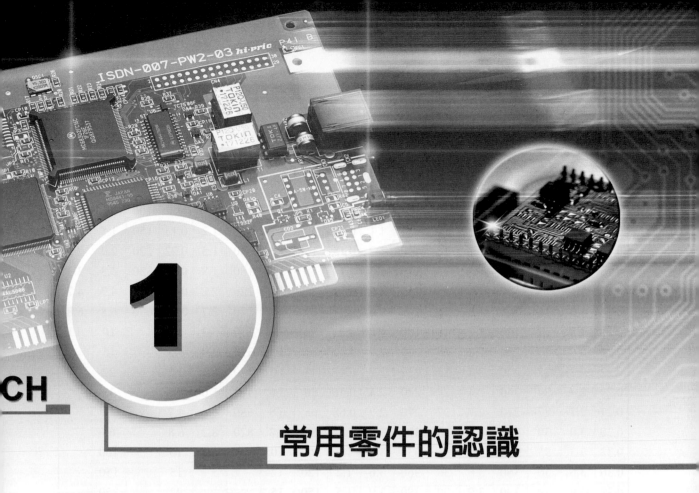

常用零件的認識

1-1　各種固定電阻器的認識

1-1-1　標準電阻值

　　大部分的人都知道電阻器的體積有大有小，體積大的功率(瓦特數)較大，體積小的電阻器只能承受較小的電功率，因此其瓦特數有 1/4W、1/2W、1W……之分。但是你是否知道電阻器的電阻值也有一定的標準值呢？如果你常到電子材料行去買零件的話，你一定會發現有些電阻值是買不到的。因為市售的電阻器之電阻值及誤差是有一定標準的。**表 1-1-1** 即列出了 ±5％，±10％，±20％ 三種等級的標準電阻值。**這些標準值你都可以在電子材料行買到，而且這些數值已能滿足一般電子電路的需求了。**

　　假如你需要表 1-1-1 以外的電阻值，你只好選用較精密的品種或利用串並聯的方法去獲得了。表 1-1-2 是 ±1％ 級電阻器，可以供製作儀表及較精密的作品時使用。不過 ±1％ 的電阻器價格頗昂，而且在較大的電子材料行裡還不一定能夠買的到，所以**一般電路多採用 ±5％ 的電阻器。**

表 1-1-1　常用電阻器之標準電阻值

誤差 ±5%								±10%					±20%			
單位：Ω				KΩ			MΩ	Ω		KΩ		MΩ	Ω		KΩ	MΩ
0.1	1.0	10	100	1.0	10	100	1.0	0.1	10	1	100	1	0.1	100	1	1
0.11	1.1	11	110	1.1	11	110	1.1	0.12	12	1.2	120	1.2	0.15	150	1.5	1.5
0.12	1.2	12	120	1.2	12	120	1.2	0.15	15	1.5	150	1.5	0.22	220	2.2	2.2
0.13	1.3	13	130	1.3	13	130	1.3	0.18	18	1.8	180	1.8	0.33	330	3.3	3.3
0.15	1.5	15	150	1.5	15	150	1.5	0.22	22	2.2	220	2.2	0.47	470	4.7	4.7
0.16	1.6	16	160	1.6	16	160	1.6	0.27	27	2.7	270	2.7	0.68	680	6.8	6.8
0.18	1.8	18	180	1.8	18	180	1.8	0.33	33	3.3	330	3.3	1.0		10	10
0.20	2.0	20	200	2.0	20	200	2.0	0.39	39	3.9	390	3.9	1.5		15	
0.22	2.2	22	220	2.2	22	220	2.2	0.47	47	4.7	470	4.7	2.2		22	
0.24	2.4	24	240	2.4	24	240	2.4	0.56	56	5.6	560	5.6	3.3		33	
0.27	2.7	27	270	2.7	27	270	2.7	0.68	68	6.8	680	6.8	4.7		47	
0.30	3.0	30	300	3.0	30	300	3.0	0.82	82	8.2	820	8.2	6.8		68	
0.33	3.3	33	330	3.3	33	330	3.3	1.0	100	10		10	10		100	
0.36	3.6	36	360	3.6	36	360	3.6	1.2	120	12			15		150	
0.39	3.9	39	390	3.9	39	390	3.9	1.5	150	15			22		220	
0.43	4.3	43	430	4.3	43	430	4.3	1.8	180	18			33		330	
0.47	4.7	47	470	4.7	47	470	4.7	2.2	220	22			47		470	
0.51	5.1	51	510	5.1	51	510	5.1	2.7	270	27			68		680	
0.56	5.6	56	560	5.6	56	560	5.6	3.3	330	33						
0.62	6.2	62	620	6.2	62	620	6.2	3.9	390	39						
0.68	6.8	68	680	6.8	68	680	6.8	4.7	470	47						
0.75	7.5	75	750	7.5	75	750	7.5	5.6	560	56						
0.82	8.2	82	820	8.2	82	820	8.2	6.8	680	68						
0.91	9.1	91	910	9.1	91	910	9.1	8.2	820	82						
							10									

〔說明：$1K\Omega = 10^3\Omega$，$1M\Omega = 10^6\Omega$〕

表 1-1-2　精密電阻器之標準電阻值

誤差　　　±1%										
單位：Ω				KΩ						MΩ
10.0	32.4	100	324	1.00	3.24	10.0	32.4	100	324	1.00
10.2	33.2	102	332	1.02	3.32	10.2	33.2	102	332	
10.5	34.0	105	340	1.05	3.40	10.5	34.0	105	340	
10.7	34.8	107	348	1.07	3.48	10.7	34.8	107	348	
11.0	35.7	110	357	1.10	3.57	11.0	35.7	110	357	
11.3	36.5	113	365	1.13	3.65	11.3	36.5	113	365	
11.5	37.4	115	374	1.15	3.74	11.5	37.4	115	374	
11.8	38.3	118	383	1.18	3.83	11.8	38.3	118	383	
12.1	39.2	121	392	1.21	3.92	12.1	39.2	121	392	
12.7	40.2	127	402	1.27	4.02	12.7	40.2	127	402	
13.0	41.2	130	412	1.30	4.12	13.0	41.2	130	412	
13.3	42.2	133	422	1.33	4.22	13.3	42.2	133	422	
13.6	43.2	136	432	1.36	4.32	13.6	43.2	136	432	
14.0	44.2	140	442	1.40	4.42	14.0	44.2	140	442	
14.3	45.3	143	453	1.43	4.53	14.3	45.3	143	453	
14.7	46.4	147	464	1.47	4.64	14.7	46.4	147	464	
15.0	47.5	150	475	1.50	4.75	15.0	47.5	150	475	
15.4	48.7	154	487	1.54	4.87	15.4	48.7	154	487	
15.8	49.9	158	499	1.58	4.99	15.8	49.9	158	499	
16.2	51.1	162	511	1.62	5.11	16.2	51.1	162	511	
16.5	52.3	165	523	1.65	5.23	16.5	52.3	165	523	
16.9	53.6	169	536	1.69	5.36	16.9	53.6	169	536	
17.4	54.9	174	549	1.74	5.49	17.4	54.9	174	549	
17.8	56.2	178	562	1.78	5.62	17.8	56.2	178	562	
18.2	57.6	182	576	1.82	5.76	18.2	57.6	182	576	
18.6	59.0	186	590	1.86	5.90	18.6	59.0	186	590	
19.1	60.4	191	604	1.91	6.04	19.1	60.4	191	604	
19.6	61.9	196	619	1.96	6.19	19.6	61.9	196	619	
20.0	63.4	200	634	2.00	6.34	20.0	63.4	200	634	
20.5	64.9	205	649	2.05	6.49	20.5	64.9	205	649	
21.0	66.5	210	665	2.10	6.65	21.0	66.5	210	665	
21.5	68.1	215	681	2.15	6.81	21.5	68.1	215	681	
22.1	69.8	221	698	2.21	6.98	22.1	69.8	221	698	
22.6	71.5	226	715	2.26	7.15	22.6	71.5	226	715	
23.2	73.2	232	732	2.32	7.32	23.2	73.2	232	732	
23.7	75.0	237	750	2.37	7.50	23.7	75.0	237	750	
24.3	76.8	243	768	2.43	7.68	24.3	76.8	243	768	
24.9	78.7	249	787	2.49	7.87	24.9	78.7	249	787	
25.5	80.6	255	806	2.55	8.06	25.5	80.6	255	806	
26.1	82.5	261	825	2.61	8.25	26.1	82.5	261	825	
26.7	84.5	267	845	2.67	8.45	26.7	84.5	267	845	
27.4	86.6	274	866	2.74	8.66	27.4	86.6	274	866	
28.0	88.7	280	887	2.80	8.87	28.0	88.7	280	887	
28.7	90.9	287	909	2.87	9.09	28.7	90.9	287	909	
29.4	93.1	294	931	2.94	9.31	29.4	93.1	294	931	
30.1	95.3	301	953	3.01	9.53	30.1	95.3	301	953	
	97.6		976		9.76		97.6		976	

1-1-2　電阻器的種類和阻值範圍

電阻器的種類非常多，本節僅就常用且在本省各電子材料行能購得之電阻器說明之。至於一般電路用不到的特殊電阻器，或已遭淘汰的早期產品均不贅述。

1. 碳膜電阻器

圖 1-1-1

碳膜電阻器的外形如圖 1-1-1，係在高溫度的真空爐中分離出有機化合物之碳，使其附在瓷棒上形成碳膜而成。由於如此作成的電阻器表面積較大，電阻值無法太大，故需要高阻值時均將碳膜切割成螺旋狀，控制螺紋的寬度即能改變電阻值。

表 1-1-3 是碳膜電阻器的規格表。拿到一個電阻器時只要根據其尺寸之大小即能判定其瓦特數。

表 1-1-3　碳膜電阻器之規格

碳膜電阻器
Fixed Carbon Film Resistors
特點：1.大量生產，價格便宜。
　　　2.品質安定，信賴性良好。

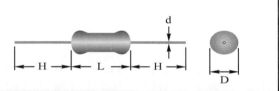

型式		尺寸(mm)				電阻值製造範圍	誤差
		L±0.5	D±0.4	H±3	d±0.02		
一般型	RD$\frac{1}{8}$WP	6.4	2.4	30	0.6	1Ω～10MΩ	±5%
	RD$\frac{1}{4}$WP	8.5	2.8	30	0.6	1Ω～10MΩ	
	RD$\frac{1}{2}$WP	9.5	3.8	30	0.6	2Ω～3.3MΩ	
	RD1WP	16.0	5.0	38	0.8	5Ω～3.3MΩ	
	RD2WP	25.0	8.0	38	0.8	50Ω～4.7MΩ	
超小型	RD$\frac{1}{4}$WSP	6.4	2.4	30	0.6	1Ω～2.2MΩ	
	RD$\frac{1}{3}$WSP	8.5	2.8	30	0.6	1Ω～2.2MΩ	
	RDN2WSP	17.0	8.0	38	0.8	10Ω～3.3MΩ	

在一般的電子電路中，遇到沒有註明瓦特數之大小，也沒有特別指定要使用哪一種電阻器的，只要購買 $\frac{1}{4}$ W 的碳膜電阻器裝上即可。

2. 線繞電阻器

線繞電阻器是將鎳鉻合金或鎳銅合金等金屬電阻線繞在瓷管上而成，最大的優點是可以承受甚大的功率消耗(即瓦特數較大)。

較小功率的線繞電阻器，外表塗有矽利康樹脂塗料(Silicon resion)，能耐 220℃之高溫。其規格如表 1-1-4 所示。

表 1-1-4　樹脂塗裝線繞電阻器之規格

樹脂塗裝線繞電阻器	特點：(1)耐熱性優。 (2)為適用於電視、音響之經濟貨品。				
型式：DP 型	瓦特數	尺寸(mm)				電阻值製造範圍
		L	D	H	d	
	0.5W	12	4	38	0.6	0.2Ω～10Ω
	1W	16	5	38	0.8	0.2Ω～20Ω
	2W	18	6	38	0.8	0.2Ω～100Ω
	3W	25	8.5	38	0.8	0.3Ω～250Ω
	4W	32	8.5	38	0.8	0.3Ω～500Ω
	5W	40	8.5	38	0.8	0.5Ω～1KΩ

表 1-1-5　方型線繞電阻器之規格

方型線繞電阻器 (俗稱"水泥電阻器") 特點： (1) 體積小，價格便宜，有耐熱、耐震、耐濕、散熱良好之特性。 (2) 完全的絕緣，便於在印刷電路板上使用。	型式	瓦特數	尺寸(mm)				電阻值製造範圍
			W	H	L	d	
	SQR 3W	3W	8	8	22	0.8	0.1Ω～150Ω
	SQP 5W	5W	10	9	22	0.8	0.1Ω～200Ω
	SQP 7W	7W	10	9	35	0.8	0.1Ω～300Ω
	SQP 10W	10W	10	9	48	0.8	0.1Ω～500Ω
	SQP 15W	15W	12.5	11.5	48	0.8	1Ω～1KΩ
	SQP 20W	20W	14.5	13.5	60	0.8	1Ω～1KΩ

若將線繞電阻放入長方形瓷器內，再用特殊不燃性耐熱水泥充填密封而成者，俗稱水泥電阻器。一般電子電路所用之水泥電阻器，規格如表 1-1-5 所示。

3. **金屬氧化膜電阻器**

近年來的電子設備之發展趨勢，對其零件不但要求體積減小，而且要耐用(品質安定及長期信賴性)。電阻在高溫度下要有長期之安定性，電阻膜的單位面積就必需承受較高之電力，金屬氧化膜電阻器即為了這種需求，而研究發展出來的。表 1-1-6 為金屬氧化膜電阻器的規格表。金屬氧化膜電阻器有著下列優點：①小型。由其規格表我們可看的出，金屬氧化膜電阻器之體積比碳膜電阻器小多了。②耐超負載，而不致斷路。碳膜電阻器若過載即冒煙燒燬，但金屬氧化膜電阻器在超載時，整個電阻器燒紅了卻還不致成為斷路。③耐熱、耐濕、不燃性的塗裝，性能安定，具有高度信賴性。④低雜音，且可製作線繞電阻器無法製作的高阻值。⑤高頻特性好，可使用於脈沖電路。

表 1-1-6　金屬氧化膜電阻器之規格

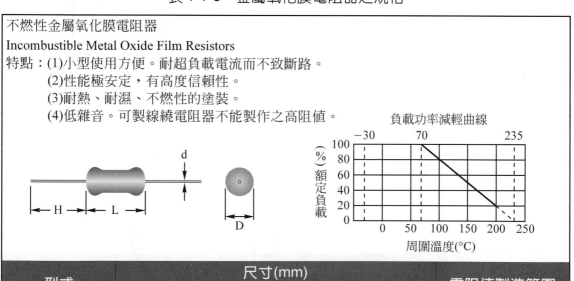

型式	尺寸(mm)				電阻值製造範圍
	L±1.0	D±0.6	H±3	d±0.02	
RSN 1W	12	4.5	38	0.8	3Ω～20KΩ
RSN 2W	16	5.5	38	0.8	5Ω～50KΩ
RSN 3W	26	8.5	38	0.8	10Ω～100KΩ
RSN 4W	33	8.5	38	0.8	50Ω～150KΩ
RSN 5W	41	8.5	38	0.8	50Ω～200KΩ
RSN 7W	54	8.5	38	0.8	150Ω～200KΩ

不燃性金屬氧化膜電阻器
Incombustible Metal Oxide Film Resistors
特點：(1)小型使用方便。耐超負載電流而不致斷路。
　　　(2)性能極安定，有高度信賴性。
　　　(3)耐熱、耐濕、不燃性的塗裝。
　　　(4)低雜音。可製線繞電阻器不能製作之高阻值。

4. 低阻值金屬膜電阻器

爲了保持功率電晶體之壽命，並增進電路的穩定性、可靠性，通常都會在功率電晶體的射極使用一個 1Ω以下的低阻值電阻器作射極電阻器。因爲碳膜電阻器無法製作如此低阻值又小型而且功率又大的電阻器，因此以往都使用線繞電阻器。

由於線繞電阻器在高頻之頻率響應不良，因此近年來研究製作了一種在瓷棒上覆以特殊合金膜而成的"低阻值金屬膜電阻器"。此種有高度信賴性而價格比線繞電阻器低廉的新產品，現在已被大量使用於電視機、高級收音機、擴音機及放音機內，獲得良好的風評。其規格及特點請見表 1-1-7。

表 1-1-7　低阻值金屬膜電阻器之規格

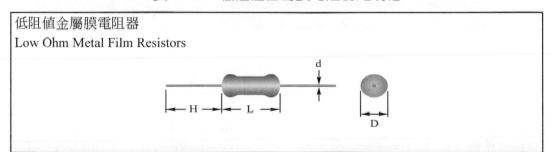

型式	電阻值製造範圍	尺寸(mm)				誤差
		L±1.0	D±0.5	H±3	d±0.02	
PR 1W	0.1Ω～3Ω	10	3.8	30	0.6	±5% 及 ±10%
PR 1WA	0.1Ω～3Ω	12	4.5	38	0.8	±5% 及 ±10%
PR 2W	0.1Ω～5Ω	16	5.0	38	0.8	±5% 及 ±10%
PR 2WA	0.2Ω～20Ω	18	6.0	38	0.8	±5% 及 ±10%

表格上方：低阻值金屬膜電阻器 Low Ohm Metal Film Resistors

1-1-3　電阻值的標示方式

電阻值的標示方式一共有兩種：①以色碼表示。體積太小的電阻器無法清晰的印上電阻值及誤差，此時即採用色碼表示，此種以色碼標示電阻值及誤差的電阻器通稱爲色碼電阻器。色碼電阻器之瓦特數有多大呢？並未標出，此時可依其尺寸對照 1-1-2 節中之各規格表而獲知。②直接將電阻器的電阻值、誤差、瓦特數等以文字印在電阻器表面。凡是表面積足夠大的電阻器多採用此種方式。茲分別說明如下：

1. 色碼

在實際的裝製、檢修工作中，瞭解色碼的意義是很重要的。我們必須能迅速正確的讀出色碼電阻器上的色碼，才不會花費太多的時間作不必要的測量。

如果拿一個色碼電阻來，你會發現上面有三圈或四圈色環。到底這些色環代表什麼意思呢？請各位讀者看看圖 1-1-2：

色環	第一環	第二環	第三環	第四環
含意	第一位數	第二位數	乘數	誤差
黑	0	0	$10^0 = 1$	
棕	1	1	$10^1 = 10$	±1%
紅	2	2	$10^2 = 100$	±2%
橙	3	3	$10^3 = 1000$	
黃	4	4	$10^4 = 10000$	
綠	5	5	$10^5 = 100000$	±0.5%
藍	6	6	$10^6 = 1000000$	±0.25%
紫	7	7	$10^7 = 10000000$	±0.10%
灰	8	8	$10^8 = 100000000$	±0.05%
白	9	9	$10^9 = 1000000000$	
金			$10^{-1} = 0.1$	±5%
銀			$10^{-2} = 0.01$	±10%
無色				±20%

圖 1-1-2　色碼電阻的讀法

也許你看了圖 1-1-2 後還弄不清楚色碼電阻，現舉數例說明如下：

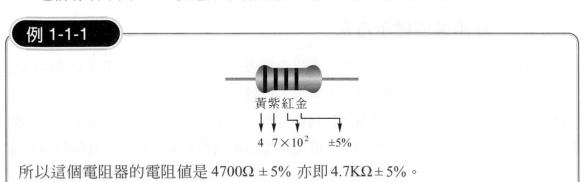

例 1-1-1

黃紫紅金

$4 \quad 7 \times 10^2 \quad ±5\%$

所以這個電阻器的電阻值是 4700Ω ±5% 亦即 4.7KΩ ±5%。

例 1-1-2

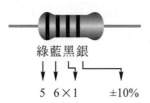

綠藍黑銀
↓　↓　↓　　　　↓
5　6×1　　　±10%

所以這個電阻器為 56Ω±10%。

例 1-1-3

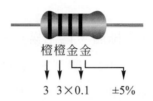

橙橙金金
↓　↓　↓　　　　↓
3　3×0.1　　±5%

所以這個電阻器為 3.3Ω 誤差 5%。

例 1-1-4

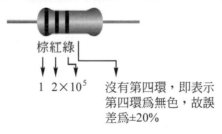

棕紅綠
↓　↓　↓　　　　↓
1　2×10⁵　　沒有第四環,即表示
　　　　　　　第四環為無色,故誤
　　　　　　　差為±20%

所以這個電阻器為 1200000Ω±20% 亦即為 1.2MΩ±20%。

練習了上面的四個例子後,相信大家已了解色碼電阻的讀法了,不過請大家還要注意下述各點:

(1)　第一環和引線端相距較近,第四環距離引線端較遠,請仔細看看圖 1-1-3 即知。不要誤把第四環認作第一環。

近　　遠

①②③④　　　　圖 1-1-3

(2) 你若曾經把三用電表的外殼打開過，你可能會發現有些色碼電阻器有五圈色環。這種電阻器如何讀出其電阻值及誤差呢？不用急，圖 1-1-4 會告訴你。(注意！第四環與第五環間的間隔較大。)

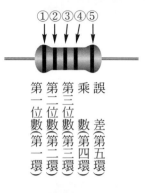

圖 1-1-4

(3) 在拆船貨裡時常會遇到五圈色環的色碼電阻器，其第五圈爲白色，且寬度爲其他色環的 1.5 倍，其電阻值之讀法與圖 1-1-2 完全相同，第五環(白色環)不必理會。

(4) 由於電子零件的數值涵蓋極廣，爲了易寫易讀起見，我們都把 1000Ω 寫成 1KΩ，把 1000000Ω 寫爲 1MΩ。除了 K 及 M 以外，以後你還會時常遇到一些符號，茲列於表 1-1-8 以供參考，其中備註欄內有打※記號者非常常用，務必牢記。

表 1-1-8

符號	意義	說明	備註
T	10^{12}	Tera	
G	10^{9}	Giga	
M	10^{6}	Mega	※
K	10^{3}	Kilo	※
h	10^{2}	hecto	
da	10	deka	
d	10^{-1}	deci	
c	10^{-2}	centi	
m	10^{-3}	milli	※
μ	10^{-6}	micro	※
n	10^{-9}	nano	※
p	10^{-12}	pico	※
f	10^{-15}	femto	
a	10^{-18}	atto	

2. 直接標示

像線繞電阻器這類體積較大的電阻器，其電阻值、誤差，及瓦特數大多直接以文字標示在電阻器上。例如圖 1-1-5 的水泥電阻器，一眼就可看出電阻值是 330Ω，誤差為 ±10%，瓦特數是 5W。

圖 1-1-5

但是，有的時候誤差並不直接標出，而以"誤差等級"表示。例如圖 1-1-6(a) 的樹脂塗裝線繞電阻器，20ΩF 即表示電阻值為 20Ω，誤差為 ±1%。圖 1-1-6(b) 的電阻值為 150Ω，誤差為 ±10%。誤差等級的說明，請見表 1-1-9。

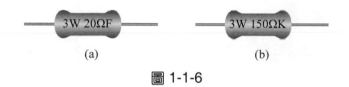

(a)　　　　　　　　　　(b)

圖 1-1-6

表 1-1-9　誤差等級

等級	B	C	D	F	G	J	K	M
誤差(%)	±0.1	±0.25	±0.5	±1	±2	±5	±10	±20

1-1-4　固定電阻器的電路符號

凡是固定電阻器，無論它是碳膜電阻器、線繞電阻器或金屬膜電阻器，它們的電路符號都是一樣的。

我們若在凹凸不平的路上前進，一定會感到很吃力，阻力重重。相同的，電阻是電流在電路中通行的一種阻力，所以電阻器用圖 1-1-7 這種電路符號表示。

圖 1-1-7　電阻器的電路符號

1-2　各種可變電阻器的認識

1-2-1　可變電阻器(Variable Resistor；VR)

可變電阻器如圖 1-2-1(a)所示。一共有三隻引腳。當柄被順時針方向轉動時，①②腳之間的電阻值會增大，②③腳間的電阻值會減小。但是①③腳間的電阻值為①②腳與②③腳間電阻值之和，是一個固定不變的數值。在可變電阻器的外殼上所印之電阻值即為①③腳之間的電阻值。

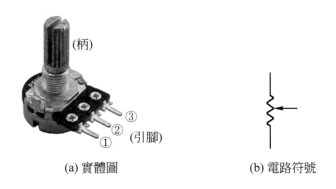

(a) 實體圖　　　　　　　　　(b) 電路符號

圖 1-2-1　可變電阻器

依①②腳之間的電阻值隨著柄的旋轉角度而變化之情形，可變電阻器可分為很多種型式。較常用的有 *A*、*B*、*M*、*N* 四種型式，茲分別說明如下：

(1)　①②腳間之電阻值與柄的旋轉角度之關係，請參考圖 1-2-2。

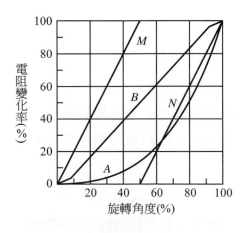

圖 1-2-2

(2) *A* 型：對數型。多用於音量控制。

B 型：直線型。用於各種電路中作信號強度(強弱)之控制。

M、*N* 型：*M* 型及 *N* 型是近年才開發出來的新產品。多被合用於高級立體聲擴音機中擔任左、右聲道的平衡控制(BALANCE)。

(3) 可變電阻器除了在外殼上印有電阻值外，也有標明其型式，選購時宜注意。例如：20KΩB 表示該可變電阻器的①③腳之間為 20KΩ，同時也表示該電阻器是直線型的。50KΩA 表示該可變電阻器的電阻值為 50KΩ，同時表示該可變電阻器為對數型的。依此類推。

(4) 可變電阻器之常見規格如表 1-2-1 所示。兩個可變電阻器使用同一個軸轉動者，稱為雙連可變電阻器。

表 1-2-1　可變電阻器之常見規格

單連可變電阻器		雙連可變電阻器
1K	100K	50K　A
2K	250K	50K　B
5K	500K	100K A
10K	1M	100K B
20K	2M	250K A
50K	5M	100K MN
		250K MN

(5) 可變電阻器依其製作材料之不同，可分為碳質可變電阻器和金屬可變電阻器(例如：線繞可變電阻器)兩種。前者瓦特數小，用於一般電子電路。後者可製作高達 200W 者，多用於大型電氣設備或儀表內。

(6) 若依機械結構分，可變電阻器除了常用的轉動型(即圖 1-2-1(a)所示之形狀)之外，尚有一種滑動型可變電阻器如圖 1-2-3，現被廣用於手提式收音、錄音機中作音量或音調控制。

圖 1-2-3　滑動型可變電阻器

🔲 1-2-2　可調電阻器

可調電阻器如圖 1-2-4 所示，體積甚小，瓦特數也小，其結構和可變電阻器完全相同，但是沒有附柄，必須以起子插入中央的螺絲孔旋轉而改變其電阻值。(註：可調電阻器 Trimmer Potentiometer 亦稱為半可變電阻器。)

可調電阻器通常是直接銲在印刷電路板上作為電子電路的精密校準之用。由於電路在精密校準之後即裝入機箱(外殼)內，所以使用者不會從機箱外面誤動它。

(b) 兩隻腳的電路符號

(a) 實體圖　　　　　　　　　　　　(c) 三隻腳的電路符號

圖 1-2-4　可調電阻器

可調電阻器是以碳膜作成的，其電阻值直接以文字印在外表上。有表 1-2-2 所列多種規格可供選購：

表 1-2-2　可調電阻器之規格

電阻值		
100Ω	3KΩ	100KΩ
200Ω	5KΩ	200KΩ
300Ω	10KΩ	300KΩ
500Ω	20KΩ	500KΩ
1KΩ	30KΩ	1MΩ
2KΩ	50KΩ	2MΩ

🔲 1-2-3　微調電阻器

　　微調電阻器如圖 1-2-5 所示。其功用及電路符號與可調電阻器相同。其電阻值係以文字直接印在外殼上。微調電阻器之規格列於表 1-2-3，可供選用時參考之。

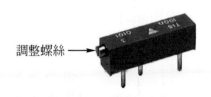

調整螺絲 →

圖 1-2-5　微調電阻器

表 1-2-3

100Ω	5KΩ	200KΩ
200Ω	10KΩ	500KΩ
500Ω	20KΩ	1MΩ
1KΩ	50KΩ	2MΩ
2KΩ	100KΩ	

　　由於微調電阻器的調整螺絲必須旋轉很多圈(常見的產品為 15 圈或 18 圈、25 圈三種規格)，其電阻值才會由 0% 改變至 100%，故適合於精密設備中作為精密的校準之用。

　　可調電阻器雖然旋轉一圈(還不到 360°)電阻值就會由 0% 改變至 100% 了，轉動時電阻值的變化率較大而不適用於精密設備中，但由於其價格較廉，故被廣用於一般製作中作為校準之用。

1-3　特殊電阻器的認識

1. 光敏電阻器

　　光敏電阻器(Photo Resistor)如圖 1-3-1 所示。是以硫化鎘(CdS)為材料製成，因此光敏電阻器時常被直接稱呼為 CdS。

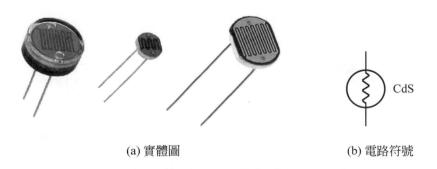

(a) 實體圖　　　　　　　　　　(b) 電路符號

圖 1-3-1　光敏電阻器

處於黑暗中，光敏電阻器的電阻值甚大，受到光線照射後電阻值即降低。照射的光線愈強電阻值就愈低。

由於光敏電阻器的電阻值會隨著光線的強弱而變化，因此常被用於自動控制電路中擔任光線強弱的檢知。例如：燈光自動點滅器、產品計數器、照相機的光圈快門自動控制、彩色電視機的亮度自動控制等。

目前較易買到的 CdS 有兩種規格：一種是直徑為 5mm(即 0.5 公分)者，一種為直徑 10mm(即 1 公分)者。

2. **熱敏電阻器**

熱敏電阻器 Thermal Resistor(簡稱 Thermistor)有正溫度係數及負溫度係數兩種。分別適用於需要對溫度的變化起反應之電路中。

當溫度上升時電阻值急速減小的熱敏電阻器，稱為「負溫度係數熱敏電阻器」。一般電路中所稱之熱敏電阻器即指此種型式。電路符號如圖 1-3-2(b)所示，符號旁之 NTC 是負溫度係數 Negative Temperature Coefficient 之簡寫。

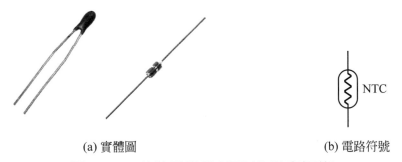

(a) 實體圖   (b) 電路符號

圖 1-3-2　熱敏電阻器 NTC(負溫度係數)

當溫度上升時電阻值會上升的熱敏電阻器，稱為「正溫度係數熱敏電阻器」。其電路符號如圖 1-3-3(b)所示，符號旁之 PTC 是正溫度係數 Positive Temperature Coefficient 之簡寫。

(a) 實體圖   (b) 電路符號

圖 1-3-3　熱敏電阻器 PTC(正溫度係數)

1-4　選用電阻器之注意事項

　　選用電阻器時有一些事項必須注意，否則，若不是開出之規格電子材料行無法提供而鬧笑話，也可能使電阻器處於不安全的運用狀態。茲將應注意之事項列之如下，請初學者特別留意。

1. 電阻值

電阻值一定要選用標準值。

【例如】：

你在電路設計時若經計算，結果需要一個 61KΩ 的電阻器，此時你找表 1-1-1 會發現無法找到此電阻值(亦即電子材料行無法提供你 61KΩ 的電阻器)，你必須要找最接近的數值來使用，而將電路修改成使用 62KΩ±5% 的電阻器。

2. 瓦特數

當電阻器 R(歐姆)通過電流 I (安培)時，會產生 $P = I^2R$ (瓦特)的功率消耗。這些功率將變成熱量，故電阻器的瓦特數必須留有餘裕，以便安全地運用。

例 1-4-1

在電路中有一個 10KΩ 的電阻器，預定流過 1mA 的電流，則

$$\because 10K\Omega = 10^4\Omega = 1 \text{ 萬歐姆}$$

$$1mA = 10^{-3}A = 10^{-3} \text{ 安培}$$

$$\therefore P = I^2R = (10^{-3})^2 \times (10^4)$$

$$= 10^{-2}\,W = \frac{1}{100} \text{ 瓦特}$$

由表 1-1-3 可知選用 1/8W 的碳膜電阻器即可。(因為電子材料行買不到比 1/8W 更小的電阻器)

例 1-4-2

有 1Ω的電阻器，裝於電路中時預定通過 1A 的電流，則

$$\because I = 1 \text{ 安培}$$

$$R = 1 \text{ 歐姆}$$

$$\therefore P = I^2 R = (1)^2 \times (1) = 1W = 1 \text{ 瓦特}$$

由表 1-1-3 及表 1-1-4 查出碳膜電阻器及線繞電阻器皆有 1W 的產品可供選用。但是若購買恰好 1W 的電阻器，則裝於電路時，稍為過載(即電路裝好後，通過 1Ω的實際電流稍為超過 1A)電阻器即處於不安全的狀態，故必須進級採用，即選用 2W 的電阻器。(比 1W 大的規格只有 2W 可供選用，並沒有 1.5W 者，故選用 2W 的。)

若設計電路或選用電阻器時皆須像上述兩例一樣以 I^2R 加以計算，實在有點煩人。雖然如今計算機的價格已頗為相宜，但是計算起來還是要花一些時間，何況還得查規格表才能知道有哪些瓦特數可供選用。是否有更方便的方法呢？有的。圖 1-4-1 即是為免除這些麻煩而為你準備的。

例 1-4-3

I 及 R 的條件皆如例 1-4-1，試利用圖 1-4-1 選用適當瓦特數的電阻器。

(a)在圖 1-4-1 的水平軸找到 10KΩ，畫一條垂直線。

(b)在垂直軸找到 1mA，畫一條水平線。

(c)上述兩條線之交點在 1/8W 這條斜線的下方，表示在電阻器上的消耗比 1/8W 還小，故進級採用時選用 1/8W 即可。

(d)所需選購之電阻器即為 10KΩ，1/8W 者。

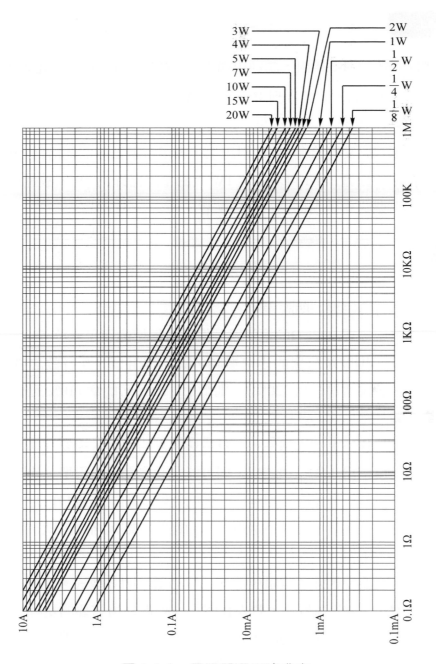

圖 1-4-1　電阻器選用速求表

例 1-4-4

I 及 R 的條件與例 1-4-2 相同，試利用圖 1-4-1 選用適當瓦特數的電阻器。

解 (a)由圖 1-4-1 的水平軸找到 1Ω，畫一條垂直線。

(b)在垂直軸找到 1A，然後畫一條水平線。

(c)上述兩線之交點恰在 1W 的斜線上，表示電阻器的消耗恰為 1W。需要進級採用。由圖 1-4-1 可看出比 1W 大的電阻器即為 2W，故選用 2W 的。

(d)所需選購之電阻器即為 1Ω，2W 者。

3. 誤差

選購電阻器時一定要註明誤差值。

假如在電路中需要 220KΩ的電阻器，但是電阻值的誤差大於 5%時電路無法很理想的動作，則開電阻器的規格單時，除了電阻值、瓦特數之外，還要寫明「誤差」。若規格單只寫 220KΩ，則電子材料行可能拿 ±10% 的給你。

4. 型式或種類

選用電阻器時除了上述三點外，在有特殊需求的場合，還要註明型式或種類。若你開出的規格為 0.5Ω±10% 3W，則可能買到金屬膜電阻器，也可能買到線繞電阻器。假如任一種電阻器均適用於你的電路，則上述規格已足矣。若線繞電阻器所具有的電感量使它較不適用於你的電路，則規格單上就需特別註明所要的是金屬膜電阻器。

購買可變電阻器時則除了電阻值之外，還必須註明其型式。目前常用的型式就有 *A*、*B*、*M*、*N* 等多種型式，若未註明，誰曉得你所需要的是哪一種呢？假如你所需之可變電阻器是雙連的，則需註明所需之可變電阻器為「雙連可變電阻器」。

1-5　電容器的認識

1-5-1　電容器的基本認識

1. **電容器的基本構造**

   電容器如圖 1-5-1 所示,是在兩片金屬板(稱爲電極)之間夾以絕緣物質而成。此絕緣物質因介於兩電極之間,因此稱爲介質。

   電容器的介質有很多種,陶瓷、塑膠、油紙、空氣、電解質的氧化膜等都可以做爲介質。

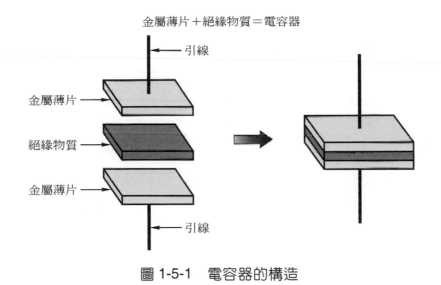

金屬薄片＋絕緣物質＝電容器

引線

金屬薄片

絕緣物質

金屬薄片

引線

圖 1-5-1　電容器的構造

2. **電容量的基本計算公式**

   當兩片相對面積爲 A 之金屬電極,中間夾著厚度爲 d 的介質時,電容量

   $$C = \epsilon \frac{A}{d} \tag{1-5-1}$$

   ϵ 稱爲介質常數(Dielectric Constant),隨介質之不同而異。

   由 1-5-1 式我們可以看得出,使用同一種介質的電容器,所需容量較大時,必定要用較大面積的金屬片(電極),即 A 較大,這也告訴我們爲什麼同一種型式的電容器,容量愈大,則其體積也愈大。

同理，耐壓較高的電容器，因爲絕緣物質(介質)必須較厚，即 d 較大，故其體積也較大。

3. **電容量的單位**

電容量的實用單位有下列三種，初學者務必熟記：

(1) 微法拉(Micro Farad)

1 微法拉 $= 1\mu F = 10^{-6}F = 10^{-6}$ 法拉

(2) 奈法拉(nano Farad)

1 奈法拉 $= 1nF = 10^{-9}F = 10^{-9}$ 法拉

(3) 微微法拉(pico Farad)

1 微微法拉 $= 1pF = 10^{-12}F = 10^{-12}$ 法拉

4. **電容器的電路符號**

電容器的電路符號如圖 1-5-2 所示。

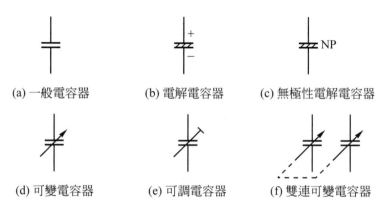

(a) 一般電容器　　(b) 電解電容器　　(c) 無極性電解電容器

(d) 可變電容器　　(e) 可調電容器　　(f) 雙連可變電容器

圖 1-5-2　電容器的電路符號

5. **電容器的特性**

(1) 電容器可以充電、放電。

電容器在電路中之所以能夠有所作爲，即因爲它具有充電和放電的作用。只要外加電壓比電容器兩端的電壓高，則電容器會被充電，外加電壓比電容器兩端的電壓低時，即放出電荷(放電)。

(2) 電容抗(電容器在電路中的阻力稱爲電容抗，簡稱容抗。) x_c 與頻率 f 有直接的關係。

$$x_c = \frac{1}{2\pi f C}$$

式中 x_c = 容抗，Ω(歐姆)。

f = 頻率，Hz(赫)。

C = 電容量，F(法拉)。

$\pi = 3.14$

(3) 電容器本身所消耗之電能甚少。所能放出之電能與所吸收之電能幾乎相等。

(4) 在交流電路中，通過電容器的電流比電容器兩端的電壓領前(超前) $90°$，有進相作用。

6. **容量、耐壓及誤差的標示**

選用電容器時，除了要注意其**電容量**以外，尚需注意**耐壓值**。假如加給電容器的電壓超過其耐壓值，則電容器的絕緣物質(介質)會被破壞，而使電容器損壞。

一般的電容器都將其電容量與耐壓直接標示在外殼上。如果該電容器有極性，還會標出哪隻腳是正或哪隻腳是負。如圖 1-5-3 所示。

圖 1-5-3

但是有些電容器並不直接標出電容量及耐壓，而使用特定的方式表示。初學者可能看不出所以然來，現在請你看看下面所舉的這些例子，以後遇到這一類電容器必能迎刃而解。

例 1-5-1

有一電容器標有 104M，則

① 電容量 = $10 \times 10^4 \text{pF} = 10^5 \text{pF} = 0.1 \mu\text{F}$。

② 誤差查表 1-5-1，知 M 表示 $\pm 20\%$。

③ 綜上所述，知 104M 即 $0.1\mu\text{F} \pm 20\%$。

```
1   0   4   M
↑   ↑   ↑   ↑
第   第   乘   誤
一   二
位   位
數   數   數   差
```

例 1-5-2

① 2E 由數字及英文字母組成，表示耐壓，查表 1-5-2 知
   2E＝250 伏特。
② .22 表示電容量為 0.22μF
③ K 為誤差，查表 1-5-1 知 K＝±10%

例 1-5-3

① 耐壓為 50 伏特。
② 472 表示電容量為 $47 \times 10^2 \text{pF} = 4700 \text{pF}$
③ J 為誤差，查表 1-5-1 得知 J＝±5%。

除了以伏特 V 表示耐壓，以微法拉 μF 表示電容量之外，有的電容器工廠在其產品上以 WV 或 TV 表示耐壓的大小，以 MF 或 MMF 表示電容量，茲分別說明如下：

(1) WV

WV 為工作電壓 Working Voltage 之縮寫，其意義與 V 相同。例如：一個標示 50WV 或 50V 之電容器均表示其耐壓為 50 伏特，也就是說電容器可以在 50 伏特的電壓下長期工作而不會損壞。

表 1-5-1　電容器的誤差

英文字母	誤差	英文字母	誤差	英文字母	誤差
B	±0.1%	H	±3%	N	±30%
C	±0.25%	J	±5%	P	+100% − 0%
D	±0.5%	K	±10%	V	+20% −10%
F	±1%	L	±15%	X	+40% − 20%
G	±2%	M	±20%	Z	+80% −20%

表 1-5-2 電容器的耐壓(單位：V)

數字＼字母耐壓	A	B	C	D	E	F	G	H	I	J
0	1	1.25	1.6	2.0	2.5	3.15	4.0	5.0	6.3	8.0
1	10	12.5	16	20	25	31.5	40	50	63	80
2	100	125	160	200	250	315	400	500	630	800
3	1000	1250	1600	2000	2500	3150	4000	5000	6300	8000

(2) TV

TV 是測試電壓 Test Voltage 之縮寫，表示電容器可以在"瞬間"加上此高壓而不會損壞，在正常的使用中，必須將 TV 值折半應用。例如：標有 1200TV 之電容器，表示可承受 1200 伏特之瞬間電壓而不會損壞。但此電容器只能長期使用在 1200×0.5 = 600 伏特的電壓下；若將此電容器通以 1200 伏特的電壓，則不久電容器就會損毀。

(3) MF

MF 是 Micro Farad 的縮寫，與 μF 相同。

(4) MMF

MMF 為 Milli Milli Farad 的縮寫，因此 MMF 亦與 μF 同義。

1-5-2 陶瓷電容器(Ceramic Capacitor)

陶瓷電容器是以圓片狀的陶瓷為介質，在兩面塗上銀離子，加上引線，封裝而成。其外形如圖 1-5-4 所示。

陶瓷電容器的高頻特性很好，所以常被使用於高頻電路中。

目前在本省可能購得之陶瓷電容器，列於表 1-5-3。一般的陶瓷電容器大多沒有標示耐壓值，其耐壓為 50 伏特。耐壓較高的陶瓷電容器都會標示其耐壓值。

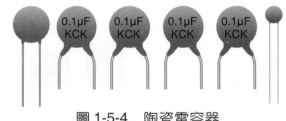

圖 1-5-4 陶瓷電容器

表 1-5-3　陶瓷電容器的規格

pF				μF
3.6	17	75	500	.01
3.9	20	100	560	.022
4.25	22	150	1000	.033
5	24	180	1200	.04
6	30	200	1500	.047
8	33	220	1800	.05
9	39	250	2000	.068
10	43	270	2200	.1
11	47	330	3000	.15
12	50	390	4700	.2
15	68	470	5000	

　　由於最近幾年才上市的塑膠薄膜電容器，其高頻特性優良，容量誤差少，體積小，信賴度高，因此容量不小於 56pF 的陶瓷電容器已有逐漸由塑膠薄膜電容器取代之趨勢。

1-5-3　塑膠薄膜電容器

　　塑膠薄膜電容器是以塑膠薄膜為介質製成之電容器。依介質之不同，可分為多種，茲分別說明如下：

1. 聚乙脂膜電容器(Polyester Capacitors)

　　聚乙脂電容器，如圖 1-5-5，是以 PE(或稱 Mylar)塑膠薄膜為介質製成，故稱為PE 電容器或 Mylar 電容器。

圖 1-5-5　PE(Mylar)電容器

PE 電容器是目前被使用的最多的塑膠薄膜電容器，其特點如下：

(1) 適用於電子電路中作為旁路電容器、交連電容器、音調控制電路及濾波電容器。

(2) 電容量自 0.001μF～0.47μF，詳見表 1-5-4。

表 1-5-4　PE(Mylar)電容器的規格(單位：μF)

.001	.0033	.01	.033	.1	.33
.0012	.0039	.012	.039	.12	.39
.0015	.0047	.015	.047	.15	.47
.0018	.0056	.018	.056	.18	
.0022	.0068	.022	.068	.22	
.0027	.0082	.027	.082	.27	

(3) 容量誤差有：J＝±5%，K＝±10%，M＝±20% 三級。

(4) 耐壓有 DC 50V 及 DC 100V 兩種。

(註：若使用於交流電路，電路中之峯值電壓peak Votage不得超過電容器之耐壓。)

(5) 可在 −40℃～+85℃ 的環境中使用。

2. 聚苯乙烯膜電容器(Polystyrene Capacitors)

聚苯乙烯簡稱 PS，亦為塑膠之一種。PS 電容器如圖 1-5-6，其特點如下：

(1) 適用於高頻電路。

(2) 電容量自 56pF～10000pF。詳見表 1-5-5。

(3) 容量誤差有：G＝±2%，H＝±3%，J＝±5%，K＝±10% 等四級。

圖 1-5-6　PS 電容器

表 1-5-5　PS 電容器的規格(單位：PF)

56	120	390	1200	3900
68	150	470	1500	4700
82	180	560	1800	5600
100	220	680	2200	6800
	270	820	2700	8200
	330	1000	3300	10000

(4) 額定電壓係以顏色表示。(由於 PS 電容器的外殼是透明的,故可看清內部 PS 塑膠之顏色)。大新公司的產品為:藍＝25V,黃＝50V,紅＝125V,黑 ＝500V。

(註:大新公司是我國最具規模的塑膠薄膜電容器製造工廠)

3. **聚丙烯膜電容器(Polypropylene Capacitors)**

聚丙烯膜電容器簡稱為 PP 電容器,如圖 1-5-7,特點與 Mylar 電容器相近。唯 耐壓較高。其特點如下:

(1) PP 電容器為無電感式電容器。

(2) 容量誤差:J、K、M 三級。

(3) 容量自.001～.47μF,詳見表 1-5-6,耐壓有 250V、400V、630V、1000V、 1200V 五種。

(註:電容量超過 0.1μF 者,其耐壓需打八折應用。)

表 1-5-6　PP 電容器的規格(單位:μF)

圖 1-5-7　PP 電容器

.001	.01	.1
.0015	.015	.15
.0022	.022	.22
.0033	.033	.33
.0047	.047	.47
.0068	.068	

4. **金屬化聚乙脂膜電容器(Metalized Polyester Capacitors)**

金屬化聚乙脂膜電容器,簡稱 MF 電容器,如圖 1-5-8,其特點為:

(1) 體形小。

(2) 耐壓有 50V、100V、250V、400V、630V、1000V 六種。

(3) 容量自 0.01～10μF,詳見表 1-5-7。誤差有 K、M 二級。

(4) 適合作為交連電容器、射頻濾波器、旁路電容器。

(5) 具有自我恢復作用(Self-healing)。

即電路中若因故產生不正常的瞬間高壓,把介質打穿,此瞬間高壓消 失後電容器能繼續工作而不需立即更換(一般電容器在介質被打穿後, 即形成短路)。

表 1-5-7　MF 電容器的規格(單位：μF)

.01	.1	1.0	10.0
.015	.15	1.5	
.022	.22	2.2	
.033	.33	3.3	
.047	.47	4.7	
.068	.68	6.8	

圖 1-5-8　MF 電容器

5. **電源跨接用電容器**(Across-The-Line Capacitors)

電源跨接用電容器簡稱 "X1 電容器" 或 "X2 電容器"。如圖 1-5-9。特點為：

(1) 特別適用於電源線路之跨接(果汁機、調光器等電器常在電源線跨接一個電容器，以防止雜波干擾收音機，X1 電容器及 X2 電容器即適合此種用途。)及天線之交連電路。

(2) 具有自我恢復作用。安全性高。

(3) 電容量自 0.0047μF～10μF。詳見表 1-5-8。

(4) 容量誤差有 J、K、M 三級。

(5) 耐壓：AC 300V。

圖 1-5-9　電源跨接用電容器

表 1-5-8　電源跨接用電容器的規格(單位：μF)

0.0047	0.033	0.1	0.33	0.68	4.7
0.01	0.047	0.15	0.39	1.0	10.0
0.015	0.056	0.22	0.47	1.5	
0.022	0.068	0.27	0.56	2.2	

1-5-4　電解電容器

電解電容器的最大優點是能以較小的體積獲得較大的電容量。也因此，大容量的電容器均非電解電容器莫屬。

電解電容器有鋁質、鉭質及無極性電解電容器三種，茲說明如下：

1. **鋁質電解電容器**(Aluminum Electrolytic Capacitor)

   一般所稱之電解電容器，即指此種鋁質電解電容器。簡稱 EC 電容器。

   其內部構造，陽極是以高純度的鋁箔經腐蝕(表面若腐蝕成凹凸不平，可使表面積擴張為 10～50 倍，以便能以很小的體積得到較大的電容量)而後在電解液中實施電解，使其表面形成一層非導電體之氧化膜(Al_2O_3)，以此氧化膜為介質(氧化膜之介質常數 ϵ 較一般介質為高)，捲繞而成。若加上外殼及引線並加入糊狀電解液作為陰極，封裝後即成市售的鋁質電解電容器了。

   鋁質電解電容器之特點為：

   (1) 由於介質係以電解方式形成，因此**電解電容器具有極性。其極性均在外殼上明顯的以 "＋" 或 "－" 標示**(有的大型的電解電容器會在接腳以紅色或黑色油漆表示極性)。由電容器之外形亦可判斷出哪隻腳是正、哪隻腳是負，詳見圖 1-5-10。

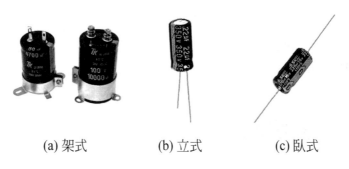

   | (a) 架式 | (b) 立式 | (c) 臥式 |

   圖 1-5-10　電解電容器

   (2) **接腳的極性不能反接**，否則電解電容器的氧化膜將被破壞，會發熱、膨脹，並且爆炸，使用時宜特別留意。

   (3) 在高頻電路中其有效容量將降低。

   我們常可看到濾波電路中，往往會在一個大電容量的電解電容器上並聯一個小容量的陶瓷電容器或塑膠薄膜電容器，其電容量可能相差數千倍，你千萬不要以為這個小小的電容器沒什麼作用，而將其省略，這個小電容器對於高頻的阻力(即容抗 x_c)遠比電解電容器低，故兩者恰可截長補短，得到良好的濾波作用。

(4) 可在 −25℃～+85℃ 的範圍內應用。(註：最近已有−40℃～＋ 105℃的新產品上市)

(5) 容量誤差爲 −10%～+150%。(註：最近已有−20%～＋ 20%的新產品上市)(此乃因鋁箔腐蝕的製作過程無法很精密的控制所致，不過在需要使用電解電容器的電路裡，都能允許此等誤差而正常動作。)

(6) 電容量的範圍甚大，從 0.47μF～22000μF 都有，詳見表 1-5-9 至表 1-5-11。除了這些規格以外，尚可訂製容量更大的。

表 1-5-9　立式鋁質電解電容器(打※表示廠商有現貨供應)

容量(μF) ＼ 耐壓 V	6.3	10	16	25	35	50	63	100	160	250	350	450
0.47	※	※	※	※	※	※	※	※	※	※	※	※
1	※	※	※	※	※	※	※	※	※	※	※	※
2.2	※	※	※	※	※	※	※	※	※	※	※	※
3.3	※	※	※	※	※	※	※	※	※	※	※	※
4.7	※	※	※	※	※	※	※	※	※	※	※	※
10	※	※	※	※	※	※	※	※	※	※	※	※
22	※	※	※	※	※	※	※	※	※	※	※	※
33	※	※	※	※	※	※	※	※	※	※	※	※
47	※	※	※	※	※	※	※	※		※	※	
100	※	※	※	※	※	※	※	※	※			
220	※	※	※	※	※	※	※	※	※			
330	※	※	※	※	※	※	※	※				
470	※	※	※	※	※	※	※	※				
1000	※	※	※	※	※	※	※					
2200	※	※	※	※	※	※						
3300	※	※	※	※	※							
4700	※	※	※	※								
6800	※	※	※									
10000	※	※										
15000	※											

表 1-5-10　臥式鋁質電解電容器(打※表示廠商有現貨供應)

容量(μF) / 耐壓V	6.3	10	16	25	35	50	63	100	160	250	350	450
0.47	※	※	※	※	※	※	※	※	※	※	※	※
1	※	※	※	※	※	※	※	※	※	※	※	※
2.2	※	※	※	※	※	※	※	※	※	※	※	※
3.3	※	※	※	※	※	※	※	※	※	※	※	※
4.7	※	※	※	※	※	※	※	※	※	※	※	※
10	※	※	※	※	※	※	※	※	※	※	※	※
22	※	※	※	※	※	※	※	※	※	※	※	※
33	※	※	※	※	※	※	※	※	※	※	※	※
47	※	※	※	※	※	※	※	※	※	※	※	※
100	※	※	※	※	※	※	※	※	※	※	※	
220	※	※	※	※	※	※	※	※	※			
330	※	※	※	※	※	※	※	※				
470	※	※	※	※	※	※	※	※				
680	※	※	※	※	※	※	※	※				
1000	※	※	※	※	※	※	※					
2200	※	※	※	※	※	※	※					
3300	※	※	※	※	※	※	※					
4700	※	※	※	※	※	※						
6800	※	※	※	※								
10000	※	※	※	※								

表 1-5-11　架式鋁質電解電容器(打※表示廠商有現貨供應)

容量(µF) ＼ 耐壓V	6.3	10	16	25	35	50	63	100	160	250	350	450
22												※
33												※
47										※	※	※
100									※	※	※	※
220									※	※	※	※
330						※		※	※	※	※	
470								※	※	※	※	
1000						※	※	※	※			
2200			※	※	※	※	※	※				
3300		※	※	※	※	※	※	※				
4700	※	※	※	※	※	※	※	※				
6800	※	※	※	※	※	※	※					
10000	※	※	※	※	※	※	※					
15000	※	※	※	※	※	※	※					
22000	※	※	※	※	※	※						

2. **無極性電解電容器**(Non-Polarized Aluminium Electrolytic Capacitor)

在喇叭箱內之高低音分割網路(分音器)及其他一些特殊場合，都需要無極性的電解電容器，以免電解電容器因極性相反而被破壞。無極性電解電容器即因此應運而生。

無極性電解電容器簡稱 NP 電容器，如圖 1-5-11。內部是由兩個鋁質電解容器反向串聯而成，如圖 1-5-12。其特點如下：

圖 1-5-11　NP 電容器

(1) 沒有極性，不虞會因為被加上反向電壓而遭致破壞。

(2) 可在 −40℃～+ 85℃的範圍內使用。

(3) 容量自 0.47μF ～ 47μF，耐壓自 10V ～ 100V，詳見表 1-5-12。

(4) 容量誤差：±20%。

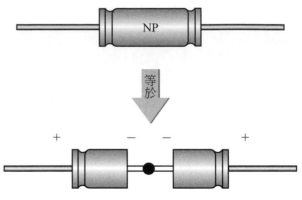

圖 1-5-12　無極性電解電容器

表 1-5-12　無極性電解電容器的規格(打※表示廠商有現貨供應)

容量(μF) ＼ 耐壓 V	10	16	25	35	50	63	100
0.47	※	※	※	※	※		
1	※	※	※	※	※		※
2.2	※	※	※	※	※		※
3.3	※	※	※	※	※		※
4.7	※	※	※	※	※		※
6.8	※	※	※	※	※		
10	※	※	※	※	※		※
22	※	※	※	※	※		※
33	※	※	※	※	※		
47	※	※	※	※	※		
100		※	※	※	※		
220		※	※	※	※	※	
330			※		※		
470	※		※	※			

3. **鉏質電容器**(Tantalum Electrolyic Capacitor)

鉏質電容器的構造與鋁電解電容器相似，但陽極採用鉏製成，是近年才開發的較新產品，無論在信賴度、小型化等各種特性均較鋁質電解電容器為佳，唯價格較貴。

鉏質電容器如圖 1-5-13，形狀很像長著兩隻腳的黃豆。常見者，外殼為青色、橙色及暗紅色，電容量及耐壓等均以數字直接印在外殼上。

圖 1-5-13　鉏質電容器

在電路中有特別註明要使用鉏質電容器的地方，絕對不可使用鋁質電解電容器代替。鉏質電容器的耐壓一般都不高，目前買得到的為 3V～50V，容量如表 1-5-13。

表 1-5-13　鉏質電容器的規格(打※記號者廠商有現貨供應)

容量(μF) \ 耐壓(V)	3	6.3	10	16	25	35	50
0.1						※	※
0.15						※	※
0.22						※	※
0.33					※	※	※
0.47				※	※	※	※
0.68				※	※	※	※
1.0			※	※	※	※	※
1.5		※	※	※	※	※	※
2.2	※	※	※	※	※	※	※
3.3	※	※	※	※	※	※	※
4.7	※	※	※	※	※	※	※
6.8	※	※	※	※	※	※	※
10	※	※	※	※	※	※	※
15	※	※	※	※	※	※	※

表 1-5-13　鉭質電容器的規格(打※記號者廠商有現貨供應)(續)

容量(μF)＼耐壓(V)	3	6.3	10	16	25	35	50
15	※	※	※	※	※	※	※
22	※	※	※	※	※	※	※
33	※	※	※	※	※	※	
47	※	※	※	※	※	※	
68	※	※	※	※	※		
100	※	※	※	※			
150	※	※	※	※			
220	※	※	※	※			
330	※	※					
470	※	※					
680	※	※					

1-5-5　可變電容器(Variable Capacitor：VC)

可變電容器是將許多金屬片分為兩組，一組固定不動(稱為定片)，一組可以轉動(稱為動片)，而在每片金屬片間以空氣或塑膠片作絕緣(介質)，當轉軸被轉動時，定、動兩組金屬片間之相對面積隨之而變，如圖 1-5-14，根據 $C = \varepsilon \dfrac{A}{d}$ 可知相對面積 A 一變動，電容量 C 將會隨之而變。(註：ε 為介質係數，d 為金屬片間之距離)

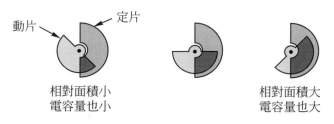

動片　　定片

相對面積小　　　　　　　相對面積大
電容量也小　　　　　　　電容量也大

圖 1-5-14

　　電晶體收音機用之雙連可變電容器，如圖 1-5-15 所示。在可變電容器的背面附有微調電容器(位置詳見(c)圖)，以供收音機裝好後之校準用。雙連可變電容器之所以稱為「雙連」，是因為在同一個外殼上有「兩個」可變電容器，而使用同一個轉軸同時「連動」控制其電容量。

  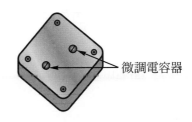

微調電容器

(a) 正面　　　　　　　　(b) 背面　　　　　　(c) 背面所附之微調電容器

圖 1-5-15　可變電容器

　　雙連可變電容器的電路符號，可如圖 1-5-16(a)表示，若要詳細畫出，則應如圖 1-5-16(b)，將微調電容器一併畫出。

(虛線表示 " 連動 ")

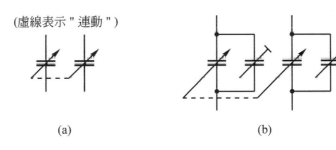

(a)　　　　　　　　　　　　　　　　(b)

圖 1-5-16　可變電容器的電路符號

1-6　電容器的串並聯應用

1-6-1　並聯

　　凡是兩個元件頭接頭，尾接尾，共有兩個連接點，稱為並聯。

　　電阻器並聯時，其電阻值將降低，如圖 1-6-1(a)。但是電容器並聯後，電容量卻會增大，如圖 1-6-1(b)。在我們需要較大的電容器而身邊恰好只有較小電容量的電容器時，可將其並聯起來使用。

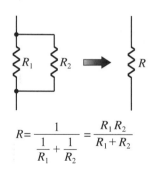

$$R = \frac{1}{\frac{1}{R_1} + \frac{1}{R_2}} = \frac{R_1 R_2}{R_1 + R_2}$$

(a) 電阻器並聯

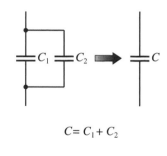

$$C = C_1 + C_2$$

(b) 電容器並聯

圖 1-6-1　並聯

例 1-6-1

將兩個 100μF 25V 的電容器並聯起來，其等效電容器為何？

解　並聯後之電容量 = 100μF+100μF = 200μF

並聯後之耐壓 = 25 伏特

請見圖 1-6-2。

說明：電解電容器若標為 100/25 即表示 100μF 25V，若標為 200/25 即表示 200μF 25V。餘類推。

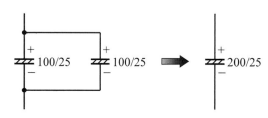

圖 1-6-2

例 1-6-2

把一個 100μF 50V 的電容器和一個 47μF 35V 的電容器並聯起來應用，則其等效電容器為何？

解　並聯後之電容量 = 100μF + 47μF = 147μF

並聯後之耐壓＝35 伏特

請見圖 1-6-3。

說明：並聯後之耐壓以最低的那一個爲準。以本例爲例，若加上 50V 的電
　　　壓於電容器兩端，則 100μF 的電容器雖然可以承受得住，但 47μF 的
　　　電容器，其耐壓只有 35V，若加上 50V 的電壓勢必被打穿而短路，
　　　所以並聯後電容器只能承受 35 伏特的電壓。

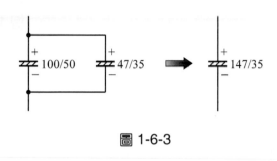

圖 1-6-3

1-6-2　串聯

兩個元件相互間具有一個公共點者，稱爲串聯。

電阻器串聯時，總電阻會比任一個元件的電阻大，如圖 1-6-4(a)所示。但是電
容器若串聯起來，則總容量卻會減少，如圖 1-6-4(b)。

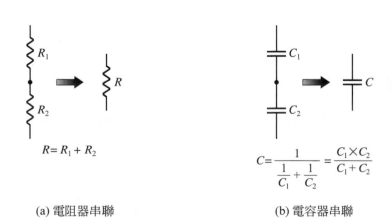

$R = R_1 + R_2$

$$C = \dfrac{1}{\dfrac{1}{C_1} + \dfrac{1}{C_2}} = \dfrac{C_1 \times C_2}{C_1 + C_2}$$

　　(a) 電阻器串聯　　　　　　　　　(b) 電容器串聯

圖 1-6-4　串聯

例 1-6-3

兩個 0.1μF 的電容器串聯起來，則
串聯後之總容量為多少？

解 $C = \dfrac{0.1 \times 0.1}{0.1+0.1} = 0.05\mu F$

如圖 1-6-5。

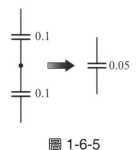

圖 1-6-5

例 1-6-4

一個 100pF 的電容器和一個 200pF 的電容器串聯，則串聯後之電容量為多少？

解 $C = \dfrac{100 \times 200}{100+200} = 67pF$

那麼電容器串聯後到底總耐壓會變成
多少呢？電容器串聯後，其分壓是和容量
成反比的，如圖 1-6-6 所示。

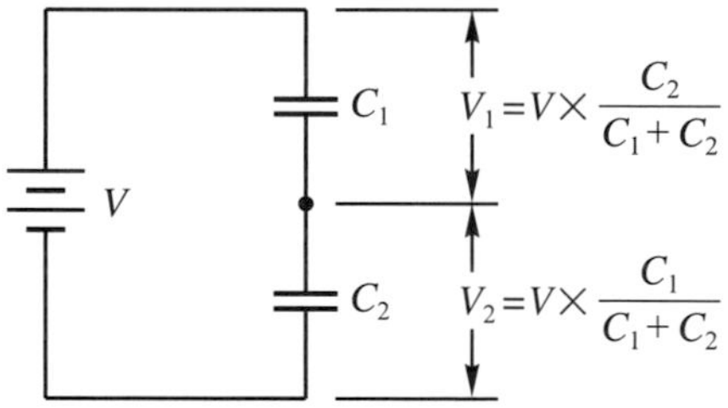

$$V_1 = V \times \dfrac{C_2}{C_1+C_2}$$

$$V_2 = V \times \dfrac{C_1}{C_1+C_2}$$

圖 1-6-6

例 1-6-5

兩個 0.1μF 50V 的塑膠薄膜電容器串聯起來後，可承受 50+50＝100 伏特的電壓嗎？

解 $V_1 = 100 \times \dfrac{0.1}{0.1+0.1} = 50V$(未超過耐壓)

$V_2 = 100 \times \dfrac{0.1}{0.1+0.1} = 50V$(未超過耐壓)

故理論上串聯後可承受 100V 的電壓。但為了安全起見，實用上應打八折使
用，即串聯後只能使用於電壓不高於 $100 \times 0.8 = 80$ 伏特的場所。

例 1-6-6

一個 $C_1 = 0.1\mu F$ 100V 的塑膠薄膜電容器串聯一個 $C_2 = 0.047\mu F$ 50V 的電容器後，可承受 100+50 = 150 伏特的電壓嗎？

解 $V_1 = 150 \times \dfrac{0.047}{0.1+0.047} = 48$ 伏特(小於 C_1 的耐壓)

$V_2 = 150 \times \dfrac{0.1}{0.1+0.047} = 102$ 伏特(大於 C_2 的耐壓)

由以上計算，可知 $V_1 < 100$ 伏特，故 C_1 可安全工作，但 $V_2 >> 50$ 伏特，C_2 會被打穿而短路。因此在加上 150V 時 C_2 將會被打穿而短路，此時整個電壓 150V 就全部加在 C_1 上，因 150V 大於 C_1 的耐壓(100V)，因此 C_1 緊接著亦會被打穿，難逃噩運。

正確的結果應如圖 1-6-7。

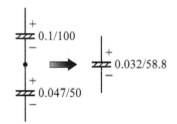

$C = \dfrac{0.1 \times 0.047}{0.1 + 0.047} = 0.032\mu F$

$V = 50 \times \dfrac{0.1 + 0.047}{0.1} = 73.5$ 伏特

為了安全起見，實用上耐壓應打 8 折使用，故串聯後之耐壓為 $V' = V \times 0.8 = 73.5 \times 0.8 = 58.8$ 伏特

圖 1-6-7

　　細心的讀者一定會發現〔例 1-6-5〕及〔例 1-6-6〕中，筆者都使用塑膠薄膜電容器為例。那麼為什麼不以電解電容器為例呢？因為筆者希望讀者們多跑幾家電子材料行，去買耐壓足夠的電解電容器，而不贊成讀者們把電解電容器串聯起來使用。何故？請看看〔例 1-6-7〕吧！

例 1-6-7

某電路需要 100μF 100V 的電解電容器，現以兩個 220μF 50V 的電解電容器串聯起來代用，可以嗎？

解 理論上

$$C = \frac{220 \times 220}{220+220} = 110\mu F$$

V＝50+50＝100 伏特

所以如圖 1-6-8(a)所示，兩個 220μF 50V 的電容器串聯後可以取代 100μF 100V 的電容器。

實際上

因為電解電容器的誤差頗大，(讀者若不健忘的話，當還記得筆者在 1-5-4 節介紹電解電容器時說明過電解電容器的誤差為 −10%～+150%)，換句話說，一個標示 220μF 的電解電容器有可能是 198μF～330μF 中的任何一個數值。那麼假如很不幸的，你拿的那兩個 "標示" 為 220μF 的電容器，一個 "實際上" 是 200μF，一個 "實際上" 是 300μF，那麼此時

$$C = \frac{200 \times 300}{200+300} = 120\mu F \text{ (可取代 100μF，OK)}$$

$$V = 50 \times \frac{200+300}{300}$$

　＝83.3 伏特(比 100 伏特低多了，完蛋)

所以如圖 1-6-8(b)所示，串聯後無法取代 100μF 100V 的電容器。也因此，筆者不贊成把電解電容器串聯起來使用。

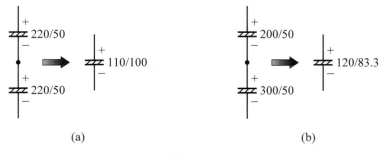

(a)　　　　　　　　　　　　　(b)

圖 1-6-8

1-6-3 反向串聯

電解電容器雖然有容量大而體積小的優點，但由於製作材料的關係，具有極性，正負不能反接。因此在有些場合裡需要使用 NP 電容器(無極性電容器)。

在規模不大的電子材料行，是不賣NP電容器的。因此遇到需要NP電容器的場合，我們只好自己把兩個普通的電解電容器如圖 1-6-9 所示反向串聯起來使用。

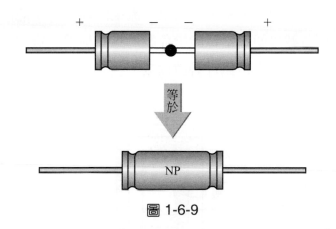

圖 1-6-9

例 1-6-8

現在急需一個 4.7μF 50V 的 NP 電容器，但在當地電子材料買不到，怎麼辦？

解 只要購買兩個 4.7μF 50V 的普通電解電容器，如圖 1-6-9 反向串聯起來即可。電容器反向串聯後，無論電容器兩端的極性如何，必定有一個電容器的極性是正確的，另一個的極性是相反的。極性正確的這一個電容器即能發揮電容器的功用，同時由於極性正確的電容器有限制電流的作用，極性相反的那一個電容器不致於損壞。

1-7 變壓器的認識

變壓器乃是利用電磁感應作用將電能由一個電路轉移(傳送)到另一電路之裝置。因為此種裝置往往被用來變更所傳送的電壓，故稱為變壓器。簡而言之，凡基於電磁感應之作用而能升降電壓之將置，即稱之為變壓器。

常用的變壓器，依其用途之不同，可分為電源變壓器、聲頻變壓器和射頻變壓器三種。茲分別說明之。

1-7-1　電源變壓器(Power Transformer；PT)

電源變壓器是最基本，也是被使用的最多的變壓器。它專門工作於電力公司的頻率(以本省而言，即為 60Hz)，是由兩個或兩個以上的線圈(凡導線環繞成圈者謂之線圈)與鐵心所組成，如圖 1-7-1 所示。接至交流電源以取入電能的線圈稱為初級圈或一次側線圈，接到負載以便供給電能給負載的線圈稱為次級圈或二次側線圈。鐵心多以表面經過絕緣膜處理之矽鋼片疊置而成。

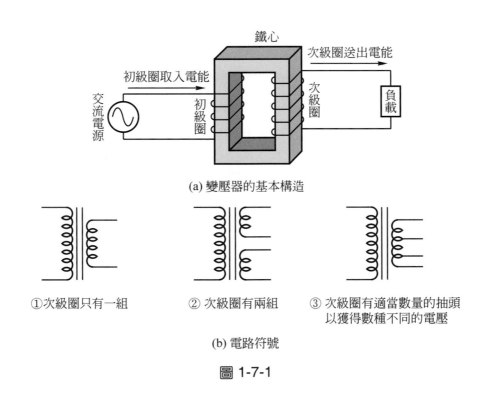

(a) 變壓器的基本構造

① 次級圈只有一組　　② 次級圈有兩組　　③ 次級圈有適當數量的抽頭
　　　　　　　　　　　　　　　　　　　　　 以獲得數種不同的電壓

(b) 電路符號

圖 1-7-1

在電子電路中常用的電源變壓器，初級圈多只有一組，用來接交流 110 伏特的家庭用電。但是次級圈則依需要而定，可能有一組，也可能有兩組或兩組以上的次級圈。電源變壓器的功用是用以將電力公司供應的 110V 電壓升高或降低至我們所需求的電壓值。

選購電源變壓器時需開出下列規格：

(1)　初級圈電壓。

(2) 次級圈電壓及電流。

例如：你想要購買一個初級圈為110V，次級圈為12V 且能供應負載1A 的變壓器，則所需開出之規格為"110V：12V(1A)"。

變壓器的次級圈所標示之電流值是表示該次級圈所能供給的最大電流，若負載所吸收(消耗)的電流比規格值更大的話，變壓器的溫度就會上升至危險的境界，然後冒煙、燒燬。有關變壓器的問題，詳見以下數例。

例 1-7-1

有一個 110V：12V(1A)之電源變壓器，若在次級圈接上 100Ω 5W 的電阻器，則變壓器及電阻器安全嗎？

解 (a)次級圈供應至電阻器上的電流

$$I = \frac{V}{R} = \frac{12}{100} = 0.12A$$

因為次級圈的最大能耐是 1A，現在只輸出 0.12A，所以變壓器能非常安全的使用。(這就猶如你能舉起 100 公斤的重物，如今只要叫你舉起 12 公斤的物體，當然勝任愉快。)

(b)100Ω 5W 的電阻器能允許通過 $I = \sqrt{\frac{P}{R}} = \sqrt{\frac{5}{100}} = 0.22A$ 的電流而不致損壞，如今只通過 0.12A，所以電阻器可以安全的工作而不會損壞。

例 1-7-2

有一個 110V：12V(1A)的電源變壓器，若在次級圈接一個 100Ω 1W 的電阻器，則變壓器及電阻器安全嗎？

解 (a)變壓器次級圈所供應之電流為 $\frac{12}{100} = 0.12A$，遠小於次級圈的最大供給能力(1A)，故變壓器能極為安全的工作著。

(b)100Ω 1W 的電阻器能承受的電流為 $\sqrt{\frac{1}{100}} = 0.1A$，如今卻讓其通過 0.12A 的電流，故電阻器處於過載的不安全狀態，時間一久電阻器勢必燒毀。

例 1-7-3

有一個 110V：12V(1A)的電源變壓器，若在次級接一個 12Ω 100W 的電阻器，則變壓器及電阻器安全嗎？

解 (a)變壓器次級圈現在供應出去的電流為 $\frac{12}{12}=1A$，恰好是其最大供應能力，雖然變壓器已經沒有餘力，但還能安全的工作(這就好像一輛最大載重量 1 噸的小卡車，當我們讓其載 1 噸的重物時，雖已達其極限，載起來並不很輕鬆，但是畢竟它還載得動)。

(b)12Ω 100W 的電阻器可以允許 $\sqrt{\frac{100}{12}}=2.88A$ 的電流通過，如今只通過 1A，故甚為安全。

例 1-7-4

有一個 110V：12V(1A)的電源變壓器，次級圈若接上一個 6Ω 50W 的電阻器，則變壓器及電阻器安全嗎？

解 (a)此時變壓器的次級圈需供應 $\frac{12}{6}=2A$ 的電流至負載，此電流已遠超過次級圈的最大輸出能力 1A，故變壓器將發燙、冒煙，然後燒燬。(這就猶如某人的最大能力是舉重 100 公斤，如今卻叫他舉 200 公斤的重物，不被壓扁才怪。)

(b)6Ω 50W 的電阻器能安全的承受 $\sqrt{\frac{50}{6}}=2.8A$ 的電流而不損壞，如今只通過 2A，故電阻器安全無虞。

透過以上四個例子，筆者相信初學者已能了解變壓器次級圈電流量的意義了。電源變壓器之外型，如圖 1-7-2 所示。

圖 1-7-2　電源變壓器

現將市售電源變壓器之規格列於表 1-7-1 至表 1-7-4 以供讀者們選用變壓器之參考。

表 1-7-1　三立牌電源變壓器之規格表

品名	規　格	
	一次側(初級)	二次側(次級)
PT-5	110V	6V×2 (0.3A)
PT-6	110V	0-3V-4.5V-6V-9V (0.3A)
PT-7	110V	0-12V-24V (150mA)
PT-8	220V	0-12V-24V (150mA)
PT-9	220V	0-12V　　0-12V (0.6A)　　(0.6A)
PT-11	110V	0-6.5V-7.5V-8.5V-9.5V-10.5V (1A)
PT-12	110V	0-3V-4.5V-6V-9V-12V (1.2A)
PT-15	110V	0-12V　　0-12V (0.6A)　　(0.6A)
PT-17	110V	0-18V-24V　0-18V-24V (0.3A)　　　(0.3A)

表 1-7-1　三立牌電源變壓器之規格表(續)

品名	規格	
	一次側(初級)	二次側(次級)
PT-20	110V	0-12V　　　0-12V　　　0-6V (1.2A)　　　(1.2A)　　　(0.6A)
PT-21	110V、220V	0-12V　　　0-12V (1.2A)　　　(1.2A)
PT-23	110V	18V-24V×2　　　0-6V-11V (0.6A)　　　　(1.2A)
PT-25	110V	0-18V　　　0-18V　　　0-6V-11V (1.2A)　　　(1.2A)　　　(1.2A)
PT-30	110V	0-12V　　　0-12V　　　0-6V-11V (2A)　　　(2A)　　　(1.2A)
PT-32	110V	0-18V　　　0-18V　　　0-6V-11V (2A)　　　(2A)　　　(1.2A)
PT-33	110V	0-28V-32V-36V　　　0-6V-11V (2.5A)　　　　(1.2A)
PT-36	110V	0-24V-28V-36V　　　0-6V-11V　　　0-24V (3A)　　　　(1.2A)　　　(0.6A)
PT-38	110V	18V-20V-22V×2　　　0-6V-11V　　　0-24V (3.5A)　　　　(1.2A)　　　(0.6A)
PT-40	110V	0-24V　　　0-12V-24V　　　0-6V-11V　　　0-24V (2.5A)　　　(2.5A)　　　　(1.2A)　　　(0.6A)
PT-41	110V	28V-32V-36V×2　　　0-6V-11V　　　0-24V (2.5A)　　　　(1.5A)　　　(0.6A)
PT-43	110V	24V-28V-32V×2 (3.5A)
PT-44	110V	0-24V　　　0-12V-24V (5A)　　　　(5A)
PT-45	110V	28V-32V-36V×2 (5A)
PT-46	110V	24V-28V-32V×2 (6A)
PT-47	110V	36V-42V×2　　　0-24V (6A)　　　　(1A)

表 1-7-2　山水牌電源變壓器之規格表

品名	規　格				
	一次側(初級)	二次側(次級)			
PT-5	110V	6V×2 (全波 0.6A)			
PT-6	110V	0-3V-4.5V-6V-9V (0.3A)			
PT-8	110V	6V×2 (全波 1A)			
PT-11	110V	0-6.5V-7.5V-8.5V-9.5V-10.5V (1A)			
PT-12	110V	0-6V-9V-12V (1.2A)			
PT-15	110V	0-12V-18V-24V (0.6A)			
PT-18	110V	0-12V (1A)	0-12V (1A)		
PT-20	115V	0-12V (1.2A)	0-12V (1.2A)	0-6V (0.6A)	
PT-25	110V	0-18V (1.2A)	0-18V (1.2A)	0-6V (0.6A)	
PT-26	110V	0-15V-18V×2 (全波 2A)	0-6V-12V (1.2A)		
PT-30	110V	0-12V (2A)	0-6V-12V (2A)	0-6V-12V (1.2A)	
PT-33	115V	0-30V-32V-34V-36V (2A)	0-6V-12V (1.5A)		
PT-34	110V	0-18V (2A)	0-18V (2A)	0-6V-12V (1.5A)	
PT-35	110V	0-24V (1.5A)	0-12V-24V (1.5A)	0-6V-12V (1.5A)	
PT-36	115V	0-28V-30V-34V-36V (3A)	0-6V-12V (1.5A)		
PT-40	115V	0-12V-24V (2.5A)	0-12V-18V-24V (2.5A)	0-6V-12V (1.5A)	0-24V (0.6A)
PT-41	110V	0-52V-55V (3A)	0-6V-12V (1.5A)		
PT-42	110V	0-28V-30V×2 (全波 6A)	0-24V (1A)	0-12V (1.5A)	0-6V (1.5A)
PT-44	110V	0-24V×2 (全波 6A)	0-24V (1A)	0-12V (1.5A)	0-6V (1.5A)
PT-45	110V	0-32V-36V×2 (全波 6A)	0-24V (1A)	0-12V (1.5A)	0-12V (1.5A)	0-6V (1.5A)

表 1-7-3 堅新牌電源變壓器之規格表

品名	規　格		
	一次側(初級)	二次側(次級)	
JS-9001	0-105V-110V-115V	0-28V-45V-56V (5A)	0-28V-45V-56V (5A)
		20V×2 (0.2A)	0-6V-9V-12V-18V (0.5A)
JS-9002	0-105V-110V-115V	0-25V-40V-50V (4A)	0-25V-40V-50V (4A)
		20V×2 (0.2A)	0-6V-9V-12V-18V (0.5A)
JS-9003	0-105V-110V-115V	0-17.5V-30V-35V (4A)	0-17.5V-30V-35V (4A)
		20V×2 (0.2A)	0-6V-9V-12V-18V (0.5A)
JS-9004	0-105V-110V-115V	0-14V-25V-28V (3.5A)	0-14V-25V-28V (3.5A)
		20V×2 (0.2A)	0-6V-9V-12V-18V (0.5A)
JS-9005	0-105V-110V-115V	0-22.5V-35V-45V (2A)	0-22.5V-35V-45V (2A)
		20V×2 (0.2A)	0-6V-9V-12V-18V (0.5A)
JS-9006	0-105V-110V-115V	0-12.5V-22V-25V (4A)	0-12.5V-22V-25V (4A)
		20V×2 (0.2A)	0-6V-9V-12V-18V (0.5A)

說明：(1)上列變壓器皆設有靜電隔離，若將灰色線接地，可防止電源線的雜波干擾到接在次
　　　　級圈的電子電路。
　　　(2)製造廠在台北市三民路 7 巷 11 號。可接受其他規格之訂製。

表 1-7-4　佳立欣牌電源變壓器之規格表

品名	規　格	
	一次側(初級)	二次側(次級)
PT-5	110V	6V×2 (全波 0.6A)
PT-6	110V	0-3V-4.5V-6V-9V (0.3A)
PT-7	110V	9V×2 (全波 0.5A)
PT-8	110V	6V×2 (全波 1A)
PT-9	110V	9V×2 (全波 1A)
PT-11	110V	0-6.5V-7.5V-8.5V-9.5V-10.5V (1A)
PT-12	110V	0-3V-4.5V-6V-9V-12V (1.2A)
PT-15	110V	0-12V-18V-24V (0.6A)
PT-16	110V	12V×2 (全波 1A)
PT-17	110V	18V-24V×2 (全波 1A)
PT-18	110V	0-12V (1A)　　0-12V (1A)
PT-20	110V	0-12V (0.6A)　0-12V (1.2A)　0-12V (1.2A)
PT-24	110V	0-12V (0.6A)　24V×2 (全波 2A)
PT-25	110V	0-6V (0.6A)　0-18V (1.2A)　0-18V (1.2A)
PT-26	110V	0-6V-12V (1.2A)　15V-18V×2 (全波 2A)
PT-30	110V	0-6V-12V (1.2A)　0-12V (2A)　0-6V-12V (2A)
PT-31	110V	0-12V (1A)　18V-24V×2 (全波 3A)
PT-117	110V	0-12V (0.5A)　18V-24V×2 (全波 1.2A)
PT-33	110V	0-6V-12V (1.5A)　0-30V-32V-34V-36V (2A)
PT-34	110V	0-6V-12V (1.5A)　0-18V (2A)　0-12V-18V (2A)

表 1-7-4　佳立欣牌電源變壓器之規格表(續)

品名	規　格				
	一次側(初級)	二次側(次級)			
PT-35	110V	0-6V-12V (1.2A)	0-24V (1.5A)	0-12V-24V (1.5A)	
PT-36	110V	0-6V-12V (1.5A)	0-28V-30V-34V-36V (3A)		
PT-37	110V	0-12V (1A)	28V-32V-36V×2 (全波 3A)		
PT-38	110V	18V-24V×2 (1A)	0-12V (1A)	20V-22V×2 (6A)	
PT-40	110V	0-18V (0.6A)	0-12V (1.2A)	0-12V (1.2A)	24V×2 (全波 1A)　18V-24V×2 (全波 5A)
PT-42	110V	0-18V (1A)	0-12V (1.5A)	0-12V (1.5A)	24V×2 (全波 1A)　28V-30V×2 (全波 6A)
PT-43	110V	0-18V (1A)	0-12V (1.5A)	0-12V (1.5A)	24V×2 (全波 1A)　24V-32V×2 (全波 5A)
PT-44	110V	0-18V (1A)	0-12V (1.5A)	0-12V (1.5A)	24V×2 (全波 1A)　24V-32V×2 (全波 6A)
PT-45	110V	0-18V (1A)	0-12V (1.5A)	0-12V (1.5A)	24V×2 (全波 1A)　32V-36V×2 (全波 5A)
PT-46	110V	0-18V (1A)	0-12V (1.5A)	0-12V (1.5A)	24V×2 (全波 1A)　32-36V×2 (全波 6A)
PT-47	110V	0-18V (1A)	0-12V (1.5A)	0-12V (1.5A)	24V×2 (全波 1A)　36V-42V×2 (全波 6A)
PT-48	110V	0-12V (1.5A)	0-12V (1.5A)	18V×2 (全波 1A)	36V-42V×2 (全波 8A)
自耦	220V	110V (4A)			
自耦	220V	110V (5A)			
自耦	220V	110V (6A)			
自耦	220V	110V (10A)			

註：佳立欣有限公司可接受其他規格之訂製。
　　住址：台中市北屯區大連北街 24 巷 12 號
　　電話：(04)22911988

1-7-2　聲頻變壓器

聲頻變壓器是用在電子電路中擔任阻抗匹配的任務，可分為輸入變壓器(Input Transformer；IPT)及輸出變壓器(Output Transformer；OPT)。

輸入變壓器和輸出變壓器的外型相同，都如圖 1-7-3(a)，一邊有三隻腳，另一邊有兩隻腳，為了區別起見，廠商將其包上不同顏色的膠帶以分辨之。市面上一般都用**藍色或綠色表示輸入變壓器，紅色或黃色表示輸出變壓器。**

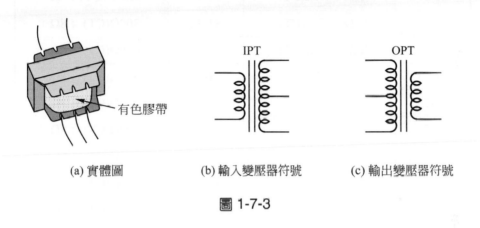

| (a) 實體圖 | (b) 輸入變壓器符號 | (c) 輸出變壓器符號 |

圖 1-7-3

另外有一種專為OTL擴音機而設計的輸入變壓器，其外型與一般的輸入變壓器相似，但因為次級圈有兩組，所以一共有六隻腳，如圖 1-7-4，由腳數可很容易的分辨之。

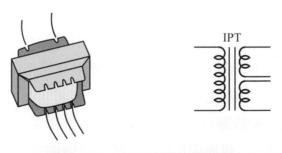

圖 1-7-4　OTL 用輸入變壓器

現在一般電子材料行所售之輸入變壓器或輸出變壓器都沒有編號，也無從得知阻抗比，只以體積之大小稱呼之，其規格有 14mm、16mm 及 19mm 等數種，在一般小型的電晶體電路中尚可將就使用，但在電路中若欲得到最佳效果，則必須採用阻抗比恰符所需者，據筆者所知，目前繞製各種阻抗比的 IPT 或 OPT 出售的廠商甚少，表 1-7-5 是高雄市鼓山一路 161 巷 17 號(署立高雄醫院對面)的復興電子有限公司所出售聲頻變壓器之規格表，可供讀者們選用時參考之。

表 1-7-5　聲頻變壓器

輸入變壓器		輸出變壓器	
編號	阻抗比	編號	阻抗比
ST-11	20KΩ：1KΩ	ST-32	1.2KΩ(CT)：8Ω
ST-20	10KΩ：1KΩ(CT)	ST-41	200Ω(CT)：8Ω
ST-21	10KΩ：2KΩ(CT)	ST-42	300Ω(CT)：8Ω
ST-22	8KΩ：2KΩ(CT)	ST-45	600Ω(CT)：8Ω
ST-23	2KΩ：2KΩ(CT)	ST-46	400Ω(CT)：8Ω
ST-25	4KΩ：2KΩ(CT)	ST-47	500Ω(CT)：8Ω
ST-26	20KΩ：1KΩ(CT)	ST-48	600Ω(CT)：8Ω
		ST-60	60Ω(CT)：8Ω
		ST-62	100Ω(CT)：8Ω
		ST-65	30Ω(CT)：8Ω
說明：CT 表示有中心抽頭			

1-7-3　射頻變壓器

　　射頻變壓器是工作於無線電頻率的變壓器，由於工作頻率很高，所以鐵心是採用導磁率高且電阻大的鐵粉心(Ferrite Core)而不使用矽鋼片。最常見的射頻變壓器有天線線圈、振盪線圈(雖稱為線圈，但它們都是變壓器的作用)及中週變壓器。

　　電晶體收音機用的天線線圈(ANT)如圖 1-7-5 所示，是在鐵粉心(有人稱之為磁棒)上繞兩組線圈而成。初級圈用來接收廣播電台的無線電信號，並且與並聯的可變電容器擔任選台的任務，次級圈則用以把信號送到變週級去。初、次級圈的圈數比若取的適當，可獲得良好的阻抗匹配作用，提高收音機的靈敏度。

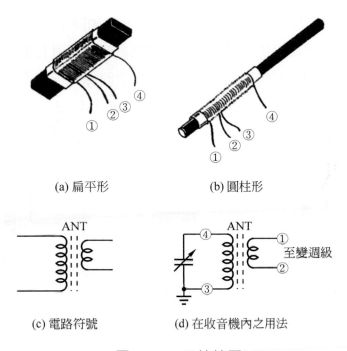

(a) 扁平形　　　　　　　(b) 圓柱形

(c) 電路符號　　　　(d) 在收音機內之用法

圖 1-7-5　天線線圈

中週變壓器(IFT)如圖 1-7-6，由兩組線圈組成，三隻腳的是初級圈，兩隻腳的是次級圈，共有五隻腳。初級圈的兩端並聯了一個電容器，形成諧振電路，因此只允許某特定頻率通過，而不讓其他頻率通過。(也因此收音機的選台能力才得以提高，清除了好幾個電台同時出現的現象。)

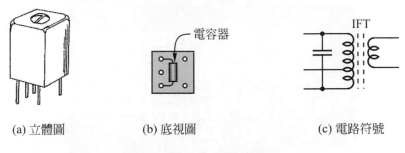

(a) 立體圖　　　　(b) 底視圖　　　　(c) 電路符號

圖 1-7-6　中週變壓器

中週變壓器的鐵心(即鐵粉心，也有人稱為鐵蕊)是可以上下移動的。若用起子順時針旋轉，鐵心會下沈，使線圈的電感量增加。反之，將鐵心逆時針轉動，則鐵心上浮，電感量減少。因為諧振頻率$f = \dfrac{1}{2\pi\sqrt{LC}}$(註：$\pi = 3.14$，$L = $電感量，$C = $電容量)，所以旋轉鐵心就可以改變其諧振頻率。

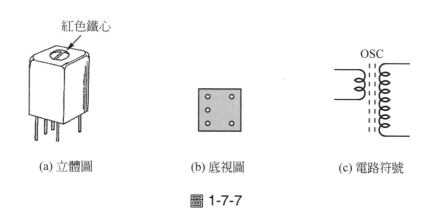

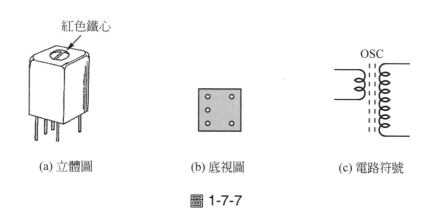

AM(調幅)電晶體收音機上所用的振盪線圈(OSC)如圖 1-7-7，外形與中週變壓器很相似，但有兩個不同點可供分辨：①中週變壓器的底部附有電容器，振盪線圈則沒有。②振盪線圈的鐵心被漆成紅色，中週變壓器的鐵心則被漆成黃、白、黑等顏色。

(a) 立體圖　　　(b) 底視圖　　　(c) 電路符號

圖 1-7-7

天線線圈、振盪線圈、中週變壓器等在電晶體收音機中之實際位置如圖 1-7-8。收音機在出廠以前均已使用儀器校準完畢，所以不得使用起子隨便轉動 OSC、IFT 和可變電容器的微調電容器。

OSC 及 IFT

圖 1-7-8

當你在製作中，若有必要旋轉鐵粉心時，請特別注意，千萬不要把鐵粉心旋至最底部，否則容易弄斷線圈的引線。

1-8　半導體元件的認識

在本節中，筆者將以最簡要的方法介紹一些常見的半導體元件，讓初學者對半導體零件有個認識。至於如何測試、判斷一個零件的良否，則留待實作篇加以詳述。

📺 1-8-1　二極體(Diode)

二極體是一種兩根引線的零件，其電路符號如圖 1-8-1(a)所示。符號上的箭頭方向是代表電流容易通過的方向(見圖 1-8-1(b))。由於在電路上所用的地方不同，它被冠以檢波二極體、整流二極體(整流子)、開關二極體、偏壓二極體等各種不同的名稱。目前最常見的二極體如圖 1-8-1(c)所示。**外殼上的一圈環相當於電路符號上的一短劃(陰極)。**

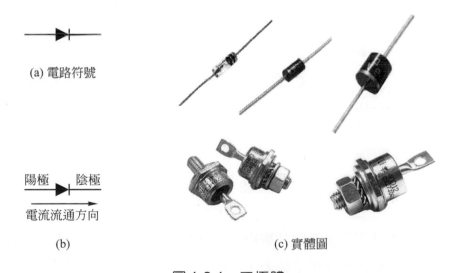

圖 1-8-1　二極體

二極體的主要特徵為它具有"單向導電"的特性。電流可以從二極體的陽極流向陰極，卻不能由相反的方向流過來。

　　將外加電壓之正極加於二極體的陽極，負極加於二極體的陰極，此時二極體可以導電而使電流流通，如圖 1-8-2(a)所示，此種使二極體呈現極低阻力而能讓電流通行的外加電壓方式，稱爲順向偏壓。若將外加電壓之正極接於二極體的陰極，而將負極接於二極體的陽極，二極體就不會導電，而阻止電流流通，如圖 1-8-2(b)，此種使二極體的兩引線間呈現極高電阻的外加電壓方式，稱爲逆向偏壓。當二極體加上逆向偏壓時，由於阻力很大，電流無法通過，因此呈現在二極體兩端的逆向電壓幾乎等於外加電壓。若把這個逆向電壓增加至某值，二極體就無法承受，而可能被破壞。二極體所能承受的峯值逆向電壓 (peak inverse voltage) PIV 值，便是在略低於這逆向崩潰電壓點上。二極體一旦工作於超越其耐壓(PIV 值)，二極體就有損毀的危險，這是必須加以避免的。

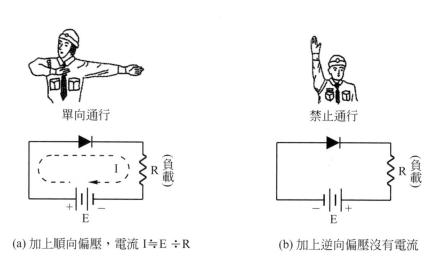

(a) 加上順向偏壓，電流 $I \doteqdot E \div R$　　　　　(b) 加上逆向偏壓沒有電流

圖 1-8-2

　　在選用二極體時不但要考慮其**耐壓**，而且要考慮其所能承受的最大**順向電流**。本省較易購得的二極體，其規格如表 1-8-1。

表 1-8-1 常用二極體之規格

整流二極體					
編號	規格	編號	規格	編號	規格
1N 4001	1A 50V	1N 5400	3A 50V	S20C	10A 200V
1N 4002	1A 100V	1N 5401	3A 100V	S20E	10A 400V
1N 4003	1A 200V	1N 5402	3A 200V	Q20C	20A 200V
1N 4004	1A 400V	1N 5403	3A 300V	Q20E	20A 400V
1N 4005	1A 600V	1N 5404	3A 400V	S4AN12	10A 400V
1N 4006	1A 800V	1N 5405	3A 500V	S6AN12	10A 600V
1N 4007	1A 1000V	1N 5406	3A 600V	S6AN20	20A 600V
		1N 5407	3A 800V	S2GN55	55A 200V
		1N 5408	3A 1000V	S8GN55	55A 800V
檢波二極體			開關二極體		
編號	規格		編號	規格	
1N34	50mA 60V		1N 914	75mA 100V	
1N60	50mA 35V		1N 4148	75mA 75V	
OA90	50mA 15V		1N 4448	75mA 75V	

1-8-2 稽納二極體(Zener Diode)

　　二極體處於逆向偏壓時，若電壓超過 PIV 值則二極體將受到破壞，這是因為二極體被迫從相反的方向通過大電流所致；在兩端的電位差既高之下又要通過大電流，二極體便得承受很大的功率，這大功率所產生的熱量便足以令二極體損毀。若能夠在崩潰電壓下**限制通過二極體的電流**，便能夠使二極體安全的工作於崩潰電壓。

　　我們現在詳細研究一下二極體的逆向特性。由圖 1-8-3，我們發現逆向電壓在達到崩潰電壓以前，實際上可認為二極體並無電流，但當逆向電壓達到崩潰電壓後，每一微小的電壓增量就產生非常大的電流增量。在實際上，當電壓超過崩潰電

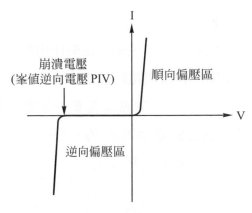

圖 1-8-3 二極體的特性曲線

壓後就認爲二極體兩端的電壓保持於一定不變的數值(等於崩潰電壓的電壓值)。特別設計來專門加上逆向偏壓使用,以作爲穩壓作用之二極體,稱爲稽納二極體(Zener Diode)或穩壓二極體。常見的稽納二極體如圖 1-8-4,外形與一般二極體相似。

圖 1-8-4　稽納二極體

二極體的崩潰電壓,在製造時可以隨意加以控制,所以稽納二極體的崩潰電壓 V_Z 從數伏特至上百伏特都有。在特性表或電路上所註明的數據,除了標出稽納電壓(稽納二極體的崩潰電壓稱爲稽納電壓) V_Z 外,還標示了它所能承受的最大功率 P_Z。從這兩項數據,我們可以知道稽納二極體所能容許通過的最大電流 I_Z,因爲 $P_Z = I_Z \times V_Z$,因此一個 10V 500mW 的稽

表 1-8-2　稽納二極體的規格

3.3V	7.5V	18V
3.6V	8.2V	20V
3.9V	9.1V	22V
4.3V	10V	24V
4.7V	11V	27V
5.1V	12V	30V
5.6V	13V	33V
6.2V	15V	36V
6.8V	16V	39V

納二極體所能通過的最大稽納電流是 $500\,\mathrm{mW} \div 10\,\mathrm{V} = 50\mathrm{mA}$。(在實際上,我們爲使稽納二極體能很安全的工作,都使其通過 $0.8I_Z$ 以下的電流。)在本省所能購得之稽納二極體,其 P_Z 有 200mW、250mW、500mW 及 1W 數種,V_Z 值則列於表 1-8-2。

當使用稽納二極體做穩壓作用時,通常都串聯一枚降壓電阻器後才接至電源,如圖 1-8-5。但是**電源電壓 *E* 一定要高於稽納二極體的崩潰電壓 *V*_z**,否則無法發揮稽納二極體的穩壓作用。

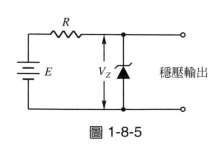

圖 1-8-5

☐ 1-8-3　發光二極體 (LED)

發光二極體 (Light-Emitting Diode) LED 如圖 1-8-6(a)，是一種能夠發光的半導體元件，現被廣泛作為狀態指示器及電源指示燈。LED 的電路符號如圖 1-8-6(b)，與一般二極體相比，它額外加入了兩個箭頭以表示發射光線。

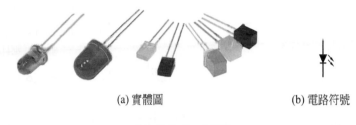

(a) 實體圖　　　　　　　　　　(b) 電路符號

圖 1-8-6　LED

LED 和一般二極體一樣具有極性。在被加上順向偏壓時會發光(發出的光線有紅色、黃色或綠色等數種，依製作材料而定)，被施以逆向偏壓時是不會發光的。

LED 的特點如下：

(1) 亮度與通過的電流成正比。如圖 1-8-7。

(2) 只要低電壓小電流即可工作，因此消耗功率甚小。以典型的工作情形 1.7V 20mA 為例，只消耗 $1.7 \times 20 = 34$mW。

(3) 壽命長。一般的燈泡是以高溫發光，故使用一段時間後燈絲會燒斷。LED 並非靠熱發光，故消耗功率低，溫度低，壽命長。根據製造廠的估計，LED 的壽命約為 100000 小時，亦即幾乎可連續點亮 11 年。

(4) 圖 1-8-8 為 LED 的典型特性曲線。由此圖可知必須 1.3V 以上 LED 才能導通(1.5V 以上才能見到 LED 在發亮)，而最大連續電流為 50mA，若長時間通過 50mA 以上的電流，LED 將會損毀。因此使用中 LED 皆串聯一個電阻器作限流之用。

(5) LED 之崩潰電壓較低，所以所加的逆向電壓不能超過 3V，否則可能受損。在高電壓的交流電路中使用 LED 時，必須串聯一個整流二極體，以保護LED。

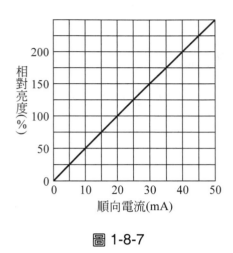

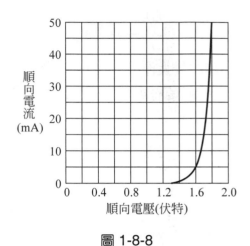

圖 1-8-7　　　　　　　　　　　　　　　　　圖 1-8-8

(6) 在本省的電子材料行中，圓型LED的規格是以直徑之大小表示之，有 $3mm\phi$ 及 $5mm\phi$ 、$10mm\phi$ 三種。最近也有方型的 LED 上市。

📖 1-8-4　電晶體(Transistor)

電晶體是一種有放大作用的元件。共有三隻腳，分別稱為 "基極"(Base；B 極)、"射極"(Emitter；E 極) 及 "集極"(Collector；C 極)。電路符號如圖 1-8-9 所示。電晶體有 PNP 及 NPN 兩類，在電路符號中，唯一用以區別 PNP 及 NPN 者為射極的箭頭方向，箭頭向外者為 NPN，箭頭朝裡者為 PNP。

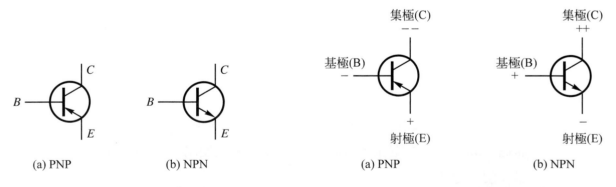

圖 1-8-9　電晶體的電路符號　　　　　　　　　　圖 1-8-10

在實際的使用當中，電晶體必須被加上圖 1-8-10 的電壓才能正常工作。(a)圖的集極使用兩個負號，表示集極所加的電壓要比基極更負。同理，(b)圖的集極使用兩個正號，是表示集極必須加上比基極還要正的電壓。

電晶體被加以 I_B 時，集極即能產生 β 倍的電流，即 "$I_C=\beta I_B$ 且 $\beta >> 1$"。此即電晶體的放大作用。如圖 1-8-11 所示，I_B 及 I_C 皆順著射極的箭頭方向流動，故 "$I_E=I_B+I_C$"。

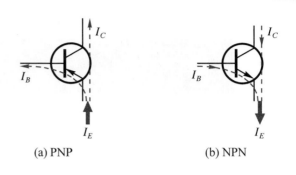

(a) PNP　　　　　(b) NPN

圖 1-8-11

圖 1-8-12 是幾種常見電晶體的外型。(a)圖是小功率電晶體，(b)圖為中功率電晶體，(c)圖則為大功率電晶體。一般電晶體都有三隻腳，為什麼(c)圖的大功率電晶體只有兩隻腳呢？因為大功率電晶體的外殼就是集極，所以在圖 1-8-12(c)中你只看到兩隻腳，這兩隻腳分別是基極與射極。

(a) 小功率電晶體　　　　(b) 中功率電晶體　　　　(c) 大功率電晶體

圖 1-8-12　　電晶體的實體圖

電晶體有美製、日製、歐洲的產品，因此編號繁多，每一個編號的特性如何，唯有查電晶體特性手冊才有辦法知道。特性手冊會告訴我們某一編號的電晶體到底能承受多大的電壓，能允許通過多大的電流，放大率 β 為多少……等等。常用電晶體之規格，請參考表 1-8-3。

電晶體除了有放大的重要特性之外，還有兩個特點必須知道：① B-E 間被加上順向偏壓時其 V_{BE} 幾乎為一恆定值，**矽電晶體的 V_{BE} 約 0.6～0.7 伏特，鍺電晶體的 V_{BE} 約為 0.1～0.2 伏特**。②當矽電晶體的 B-E 間被加上逆向偏壓時，可當作 Zener Diode 使用，其 V_Z 約 7～12 伏特。

表 1-8-3　常用電晶體之規格

編號	規格				備註
	V_{cbo}	I_c	P_c	$\beta(h_{FE})$	
2SA495	50V	150mA	400mW	70～240	PNP
2SA684	60V	1A	1W	約 160	PNP
2SA733	60V	100mA	250mW	約 200	PNP
2SA1015	60V	150mA	400mW	70～240	PNP
2SC945	60V	100mA	250mW	約 200	NPN
2SC1030	150V	6A	50W	約 80	NPN
2SC1060	50V	3A	25W	35～320	NPN
2SC1384	60V	1A	1W	約 160	NPN
2SC1815	60V	150mA	400mW	70～240	NPN
2SD313	60V	3A	30W	40～320	NPN
2N2955	100V	15A	115W	約 40	PNP
2N3053	60V	700mA	1W	約 150	NPN
2N3055	100V	15A	115W	約 40	NPN
2N3569	80V	500mA	800mW	約 150	NPN
2N4355	80V	500mA	800mW	約 150	PNP

1-8-5　光電晶體(Photo Transistor；PT)

　　光電晶體的結構和一般電晶體一樣，但是在上方開有一處窗口，使光線可以照射到 C-B 接合面，基極引線並不被用來接受信號。集極電流I_c 之有無是由光電晶體頂部的凸透鏡所輸入之光線控制。**光線愈強則 I_c 越大**，光線越弱則 I_c 愈小。可做為光線強弱的檢知器。

　　光電晶體亦有 NPN 與 PNP 之分，電路符號分別如圖 1-8-13(b)及(c)。附加的兩個箭頭，表示 I_c 的大小是受入射光線的強弱所控制。因為光電晶體不需要用到基極的接腳，所以有些光電晶體沒有基極的接腳，只有集極和射極的接腳。

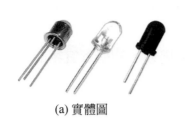
(a) 實體圖

(b) PNP 電路符號

(c) NPN 電路符號

圖 1-8-13 光電晶體

在本省較易購得之光電晶體有 SY-10PT (30V 50mW)及 ST-1MLBR2 (40V 100mW)。

1-8-6 SCR

SCR 是一種三隻腳的元件。分別稱為陽極(A)、陰極(K)及閘極(G)。SCR 的電路符號如圖 1-8-14，是把二極體的符號加上一個閘極(G)而成。也因此 AK 間之導電與否需要看閘極的臉色。

圖 1-8-14 SCR 的電路符號

一般二極體在 A 加上比 K 為正的電壓時即能順向導通，但 SCR 則否。SCR 在陽極 A 加上比陰極 K 為正的電壓時並不導通，必須在閘極加上一個閘極電流 I_G 才能使 A-K 間導通，SCR 在導通後，縱然把 I_G 除去，A-K 間還是會繼續保持導通，直至 I_A 降至某數值(稱為保持電流，大小依每個 SCR 之特性而定)以下才會恢復截止(不導通)的狀態。詳見圖 1-8-15。

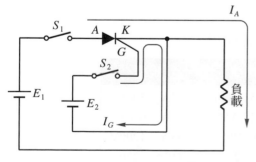

(1) 將 S_1 閉合 I_A 也無法流動。
(2) 再將 S_2 閉合，使 I_G 流動時，I_A 才開始流動。
(3) 此時若將 S_2 OFF 使 I_G 停止流動，I_A 還是會保持流動。
(4) 將 S_1 OFF，則 I_A 停止流動。
(5) 再將 S_1 閉合時，I_A 還是不流動。
(6) 再將 S_2 ON 時與(2)～(5)步驟相同。

圖 1-8-15 SCR 的直流基本動作

　　若將SCR應用在交流電路，則每一週內電流都有自動降至零的時刻，此時SCR就會截止，所以比較容易控制。

　　圖 1-8-16 是幾種常見的 SCR 外型，其接腳之排列，初學者宜牢記之。

　　在本省較易購得之 SCR 列於表 1-8-4 以供參考。

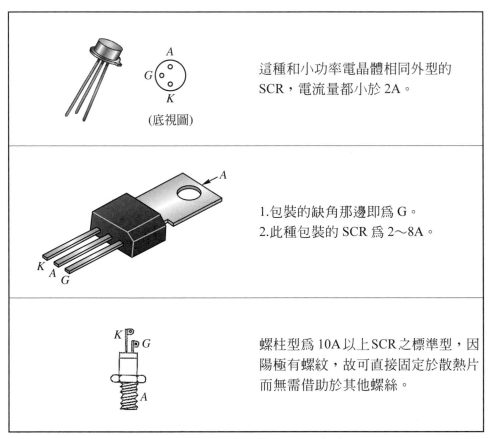

圖 1-8-16　常見的 SCR 外型

表 1-8-4　SCR 的常見規格

編號	規格		編號	規格	
CR02AM8	0.5A	400V	BT151-500R	12A	500V
2P4M	2A	400V	SG25AA60	25A	600V
C106B	4A	200V	50RIA120	50A	1200V
C106D	4A	400V	T110-12	110A	1200V
2N5064	0.8A	200V	T260-12	260A	1200V

1-8-7　TRIAC

TRIAC 猶如兩個 SCR 反向並聯而成。無論是無段調光、調速或調溫電路，在廉價的前提下，TRIAC 是最受注目的。其電路符號如圖 1-8-17。

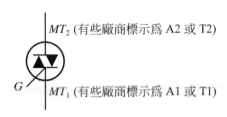

MT_2 (有些廠商標示爲 A2 或 T2)

G　　MT_1 (有些廠商標示爲 A1 或 T1)

圖 1-8-17　TRIAC 的電路符號

TRIAC在交流正負兩半週內均可使其導通，因此沒有特定的陽極，而將三隻腳分別稱爲第一陽極(MT_1)、第二陽極(MT_2)及閘極(G)。TRIAC與SCR不同的是閘極信號不論是正或負都可使TRIAC受到觸發。當MT_2爲正，MT_1爲負時，閘極信號不論是較MT_1爲正或負，均可使截止的TRIAC被觸發而令MT_2-MT_1間導通。同時，在MT_1爲正MT_2爲負時，閘極信號不論是較MT_1爲正或負，也都可使截止的TRIAC被觸發而令MT_2-MT_1間導通。

TRIAC之特性有如兩個SCR"頭與腳，腳與頭"並聯在一起，所以在某些場合也將兩個SCR組合而應用於交流電路中，但不及用TRIAC來的乾淨俐落。

假若將閘極上的觸發信號給于適當的相位控制，則可控制TRIAC之導通角，進而控制負載電壓的大小，而達到調光、調速等目的。實用的電路，你將在本書的實作篇見到。

TRIAC 的外型如圖 1-8-18，在本省較易購得之 TRIAC 則列於表 1-8-5。

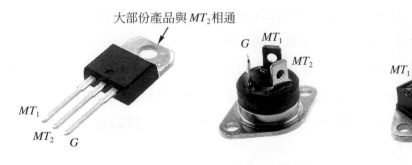

大部份產品與MT_2相通

MT_1　MT_2　G　　G　MT_1　MT_2　　MT_2　G　MT_1

圖 1-8-18　TRIAC 的常見外型

表 1-8-5　TRIAC 的常見規格

編號	規格	編號	規格
SC141B	6A 200V	BT137-600E	8A 600V
TIC226B	8A 200V	BTA12-600C	12A 600V
TIC226D	8A 400V	BTA16-600B	16A 600V
BT134-500E	3A 500V	BTA25-700B	25A 700V
BT136-600E	4A 600V	BTA40-700B	40A 700V

1-8-8　DIAC

　　DIAC 是一種兩根引線的交流電子元件，用以產生脈波觸發 SCR、TRIAC 等。圖 1-8-19(a)是常用的電路符號。圖 1-8-19(d)則為 DIAC 之 V-I 特性曲線。

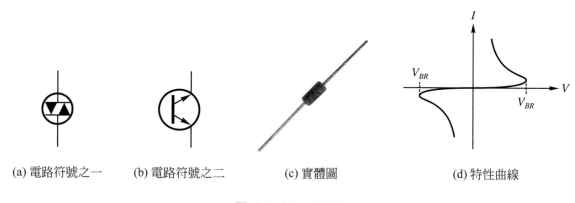

(a) 電路符號之一　　(b) 電路符號之二　　(c) 實體圖　　(d) 特性曲線

圖 1-8-19　DIAC

　　DIAC 的外表看似普通二極體，但其內部結構卻似未引出基極的電晶體，因此美國 G.E.公司的電路圖皆以圖 1-8-19(b)之電路符號表示 DIAC。

　　DIAC的兩引線間在平時是保持開路狀態(即不導通；截止)當兩端的電壓達到轉態電壓 V_{BR} 以上時(不論哪端為正哪端為負)，便馬上導通，允許大量電流通過，等到通過的電流降至低於某值時才又恢復截止狀態。

　　價廉及組成的電路很簡單，是 DIAC 的最大優點，由於 DIAC 是雙方向皆能導通的半導體元件，最適用於交流電路，因此被廣泛地應用在與 TRIAC 組合的電路中。最常用的 DIAC 有① DB3，② MPT-28，③ ST-2 等三種編號，其轉態電壓大約為 35 伏特。

1-8-9　橋式整流器

在整流電路裡，時常會遇到必須把四個二極體接成如圖 1-8-20(a)所示之情形。因此，爲便於裝配起見，廠商將四個二極體如圖 1-8-20(a)所示接好，然後包裝在同一個外殼裡，成爲圖 1-8-20(c)所示之形狀，稱爲橋式整流器。

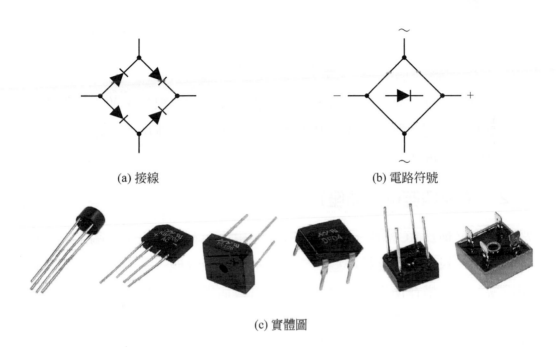

(a) 接線　　　　　　　　　　(b) 電路符號

(c) 實體圖

圖 1-8-20　橋式整流器

由於一些信譽較差的電子材料行所出售之橋式整流器，內部的四個二極體，時常會有一、兩個是故障的，因些筆者不贊成初學者購買橋式整流器，而建議初學者們購買四個單獨的整流二極體來自己接線。

1-9　看圖識物

1-9-1　電源線

電源線如圖 1-9-1，是供應電子設備交流電源的導線，和檯燈、電扇等的那種電源線是完全一樣的。它是由插頭和電線組合而成。雖然我們也可以分別買插頭和電線來組合，但買電源線卻美觀和耐用多了。

(a) 實體圖   (b) 電路符號

圖 1-9-1　電源線

選擇電源線時應留意它的品質，因為在密封插頭和導線時，並不能保證每一條都完美無缺，因此買的時候，必須用三用電表測試，並用手把電線搖動，測試看有無內部接觸不良的情形。

1-9-2　電源插座(AC 插座)

電源插座又稱為AC插座，如圖 1-9-2(a)。由正面看起來和家中牆上的那種電源插座一樣，只是形體比較小些，它通常被裝在擴音機、電源供應器的背板上。因為當這些設備在使用時，牆上的插座就被佔用了，假如遇到其他設備要同時使用交流電源，則擴音機或電源供應器上的這些電源插座就可負起供應電源的任務。

(a) 實體圖   (b) 電路符號

圖 1-9-2　電源插座

1-9-3　指示燈

時常被用來作為電源指示燈的有兩種。一種是圖 1-9-3-1 所示之氖氣指示燈，它是把氖燈(Neon Lamp)串聯一個100KΩ以上的電阻器而成，可以直接接於AC110V或 AC220V 的電源上指示電源之有無，使用上非常方便。另一種指示燈是把

LED 串聯電阻器及二極體做成的 LED 指示燈,如圖 1-9-3-2 所示,有 DC6V、
DC12V、DC24V、AC110V、AC220V 多種規格可選用。

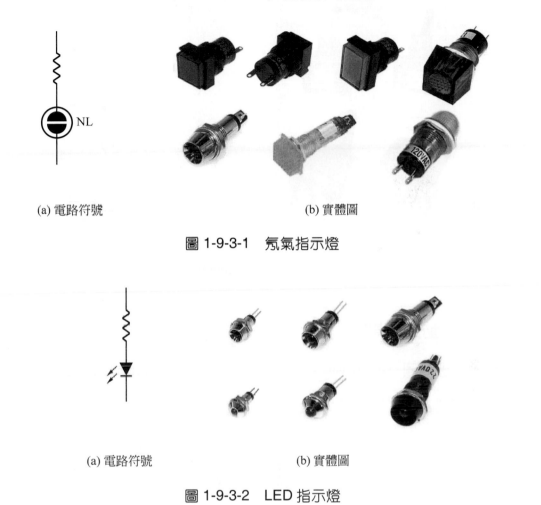

(a) 電路符號　　　　　　　　　　　　(b) 實體圖

圖 1-9-3-1　氖氣指示燈

(a) 電路符號　　　　　　　　　　　　(b) 實體圖

圖 1-9-3-2　LED 指示燈

1-9-4　搖頭開關

搖頭開關如圖 1-9-4(a)所示,型式有很多種。ON-OFF型者有單刀單投者,符號
如圖 1-9-4(b),亦有雙刀雙投者,符號如圖 1-9-4(c)。ON-OFF-ON 型(又稱為中
間停留型)搖頭開關之電路符號則如圖 1-9-4(d),當桿子置於正中央時,開關為
OFF。可依需要而選用適當的型式。

搖頭開關時常被拿來作為電子設備的電源開關。

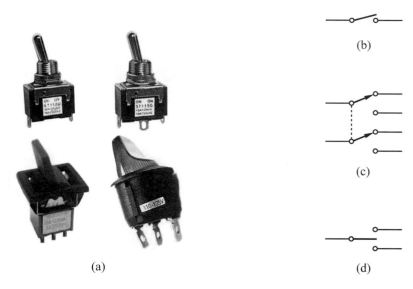

圖 1-9-4　搖頭開關

1-9-5　滑動式開關

滑動式開關如圖 1-9-5(b)所示。係依靠接觸片左右滑動而改變開關之狀態。電路符號如圖 1-9-5(a)。滑動式開關常被作為小型設備之電源開關或信號之切換。

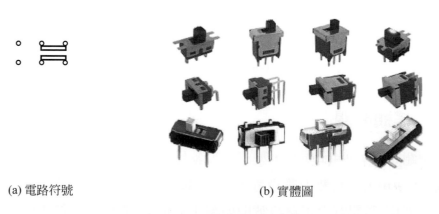

(a) 電路符號　　　　　　　　　　　(b) 實體圖

圖 1-9-5　滑動式開關

1-9-6　波段開關

波段開關如圖 1-9-6(b)所示，是一種具有多刀多投功能的開關，時常被用來作為各種信號之切換選擇，有時為了應付需求，還把好多個開關裝成同軸控制。其規格係以 X 層 Y 刀 Z 投表示，例如 1-2-6 表示單層 2 刀 6 投，2-4-3 表示雙層四刀三投。圖 1-9-6(a)為雙刀六投波段開關之電路符號。

(a) 電路符號　　　　　　　　　　　(b) 實體圖

圖 1-9-6　波段開關

波段開關不僅刀數、層數等有甚多不同的型式，就是內部構造也有兩種不同的型式。開關內部之構造，有些是由第一檔轉向第二檔時，先脫離第一檔再和第二檔接觸，有些則在未脫離第一檔時，已碰上第二檔。前者適合於大部份用途(例如電壓的切換)，市售者大多為此型，後者適於作擴音機上音源選擇之切換(較大的電子材料行才有售)，選購時宜留意之。

此種開關因為經常被轉來轉去，為求接觸良好，有些產品在接點上鍍有白金，以減少接觸不良的毛病，所以外型上相同的兩個波段開關，價格可能會有相當大的出入。

1-9-7　按鈕開關

按鈕開關如圖 1-9-7。其功用與前述幾種開關相同，但操作上較前述各型開關便捷，欲改換狀態，只要隨手一按即可。

有的按鈕開關在被按下後按鈕就停住，按第二次才會跳起，有的是每次按後按鈕就隨手跳起。可依個人的需要而選用之。

選用按鈕開關時需特別注意其安裝是否方便，否則寧可使用旋轉式的開關。(此點對於業餘裝配者尤其重要)。

圖 1-9-7　按鈕開關

1-9-8　揚聲器、耳機、耳塞

揚聲器、耳機、耳塞如圖 1-9-8 所示，都是用以將電能轉變為聲能的裝置。

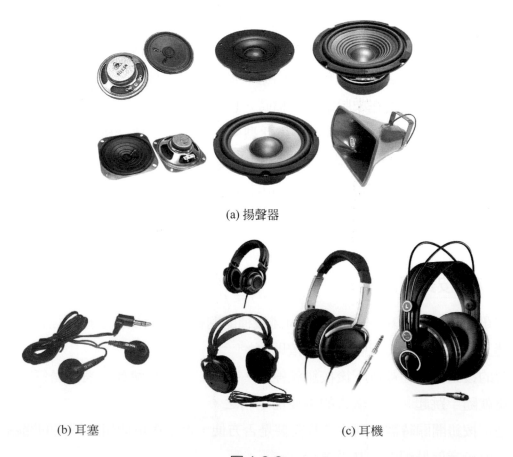

(a) 揚聲器

(b) 耳塞　　　　　　　　　　　　　　(c) 耳機

圖 1-9-8

揚聲器(俗稱喇叭)的紙盆有大有小，有圓形的也有橢圓形的，種類繁多。大紙盆的揚聲器適於播放低音，小紙盆的揚聲器則適於播放高音，因此選購揚聲器時，不但要註明是幾Ω幾 W 的，還要說明盆的直徑是幾吋的。

耳機及耳塞可在夜深人靜時供個人欣賞音樂之用，以免吵到別人。此等裝置因為是直接將聲音送入耳朵，因此只要有很小的功率輸入，即可發出清晰的聲音。

1-9-9　黑膠唱盤

黑膠唱盤是用來將黑膠唱片上凹凸不平的溝紋轉換成音頻信號的裝置。黑膠唱片的唱盤之外形如圖 1-9-9 所示。

黑膠唱盤的唱頭，可分為晶體式、陶瓷式及電磁式唱頭。一般的唱頭多為晶體式及陶瓷式的唱頭，此種型式的輸出電壓較大，沒有電磁干擾之顧慮，故極適合業餘者使用。電磁式唱頭雖然頻率響應較佳，但輸出電壓既小，又易受電磁干擾，處理稍一不慎則哼聲四起雜音多多，並不適合初學者使用。

圖 1-9-9　黑膠唱盤

1-9-10　雷射唱盤(CD 唱盤)

雷射唱盤(compact disc player)簡稱為CD唱盤，外型如圖 1-9-10 所示，是用來把CD唱片上的凹洞(pits)轉變成電氣信號的裝置。

當馬達帶動CD唱片旋轉時，唱頭之雷射光會掃描 CD 唱片音軌上的凹洞，並將其轉換成電氣信號輸出(註：錄在塑膠片上之凹洞，每個只寬

圖 1-9-10　雷射唱盤(CD 唱盤)

0.4μm，深 0.1μm，長 1～3μm，故肉眼無法看清楚)。由於雷射光與 CD 唱片間

並沒有機械上的接觸或磨擦，所以頻率響應好、音質佳。更由於CD唱片及CD唱盤均符合輕薄短小之世界潮流，所以已成為音響界的新寵。

1-9-11　麥克風

麥克風如圖 1-9-11。是一種將聲能轉變為電能的裝置。因為擴音機只能接受電能，故語言、音樂等各種聲音都要先經麥克風轉換成電能後才能送入擴音機(或錄音機)中。

麥克風可概分為晶體式、電磁式及電容式三種。晶體式的輸出電壓較大，適合於講話及初學者作實驗之用。電磁式及電容式麥克風的頻率響應較晶體式佳，適合於歌唱之用。但電容式麥克風的內部並沒有任何電能產生，因此一定要裝入乾電池作為電源才能工作。

(a) 實體圖　　　　　　　　　　　　　　　　(b) 電路符號

圖 1-9-11　麥克風

雖然我們說揚聲器、耳塞、耳機等是一種把電能轉變為聲能的裝置，但這只是習慣上的用法，假如我們對著這些東西講話或唱歌，它們同樣具有把聲能轉變為電能之功用。在對講機中，揚聲器就是身兼麥克風的作用。

1-9-12　調諧器

調諧器如圖 1-9-12，它具有收音之功能，能把無線電波轉變成音頻，但因為其輸出功率不大，所以無法直接接上揚聲器欣賞廣播電台的節目，而必須加上一個音頻放大器(即擴音機)再接至揚聲器。

圖 1-9-12　調諧器

調諧器加上擴音機就成為一台完整的收音機。調諧器的性能之優劣相差頗大，故外觀相近的兩片調諧器，價格可能相差不只一倍。

1-9-13　S 表、T 表和 VU 表

信號強度表簡稱為 S 表，如圖 1-9-13(a)，在高級的調諧器(或收音機)中都裝有 S 表，S 表用以指示電台信號的強弱，選台時需旋轉選台鈕至 S 表偏轉至最大之處。以獲得良好的收音。S 表具有極性，接線時不得正負反接，否則指針將會反向偏轉。

調諧表簡稱 T 表，如圖 1-9-13(b)。T 表是裝在 FM 的接收部份，當收聽 FM 廣播時，需旋轉選台鈕至"S 表的指針偏轉較大"且"T 表的指針恰好停在正中央"的位置，此時 FM 收音機是處於最佳收音狀態。

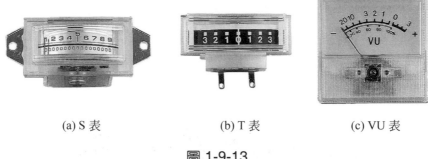

(a) S 表   (b) T 表   (c) VU 表

圖 1-9-13

音量單位表簡稱 VU 表，如圖 1-9-13(c)，常被裝於錄音機或擴音機中，用來指示聲頻訊號之強弱。它是一種有極性的高靈敏度電表，所以裝置時都串聯有二極體及電阻器。(註：最近很多收音機已改用 LED 式 S 表及 VU 表。)

1-9-14　電壓表和電流表

電壓表又稱為伏特計，是用以指示電壓的大小之裝置，有交流者也有直流者。使用時是和待測電壓源並聯。

電流表又稱安培計，是用以指示通過電路的電流之大小，有交流及直流兩種型式，選購時宜留意之。使用時電流表是和負載成串聯狀態。

(a) 電壓表   (b) 電流表

圖 1-9-14

1-9-15　接線端子(香蕉插座、博士端子)、香蕉插頭、鱷魚夾

接線端子的型式有很多種，顏色亦五花八門，如圖 1-9-15(a)所示，有人稱為香蕉插座，也有人稱為博士端子。接線端子常和香蕉插頭、鱷魚夾等配合，以作為各裝置之間連線的轉接站。

(a) 接線端子 (香蕉插座、博士端子)

(b) 香蕉插頭

(c) 鱷魚夾

圖 1-9-15

1-9-16 蓮花插座(梅花插座)

蓮花插座如圖 1-9-16，也有人稱為梅花插座，是我們在擴大機背板上所看到數量最多的一種插座。它是專門供給信號的輸入和輸出之用的。有單座(1P)、雙座(2P)、4P、8P、12P等多種型式。鍍白金的蓮花插座專供高級音響用，價格較一般品昂貴。

圖 1-9-16 蓮花插座(梅花插座)

1-9-17 保險絲筒及管狀保險絲

保險絲筒如圖 1-9-17(b)，其內裝有(a)圖所示之管狀保險絲。常被裝於電子設備中作為短路或過載之保護。

使用保險絲筒的好處是可從機箱外面便捷的更換管狀保險絲,而不需拆開機箱。

(a) 管狀保險絲　　　　　(b) 保險絲筒　　　　　(c) 保險絲的電路符號

圖 1-9-17

📱 1-9-18　機箱

從前,由於市售的機箱甚少,因此機箱大多是自己用鋁板彎製。但近年來市面上已經有甚多不同型式的機箱出售,因此讀者可根據自己的需要而在電子材料行挑選到適合需求的機箱使用,免除自己打製機箱之麻煩。圖 1-9-18 所示只是眾多市售品中的少數幾種型式而已。

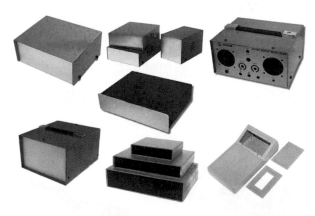

圖 1-9-18　機箱

📱 1-9-19　電源線扣

電子電路的電源線如果直接從機內穿過機箱上的小孔拉出來,由於經常被搖動,電源線很容易被小孔磨破,發生漏電或斷線等故障。從前業餘製作者只好在機箱的小孔上套上一個橡皮座,再由橡皮座中央的小孔將電源線穿出。最近圖 1-9-19 (a)所示之電源線扣解決了業餘製作者的煩惱。此種電源線扣,當電源線穿過機箱的小孔後，只要如圖 1-9-19(b)所示之安裝方法用力一頂，即可把電源線牢牢的夾住，不但美觀而且牢靠。

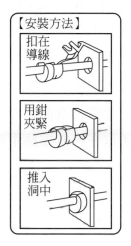

(a) 實體圖　　　　　　　　　　　(b) 安裝方法

圖 1-9-19　電源線扣

1-9-20　電池夾和電池扣

很多小型裝置都是由乾電池供應所需之電源，若所需之電壓超過 1.5V，勢必將多個 1.5V 的乾電池串聯起來才能符合所需，此時即需使用電池夾。電池夾如圖 1-9-20(a)所示，有 3V、4.5V、6V 等多種規格可供選用。

9V 的乾電池因為形狀不同，因此不能使用一般的電池夾，而改用圖 1-9-20(b)所示之電池扣與乾電池連接。

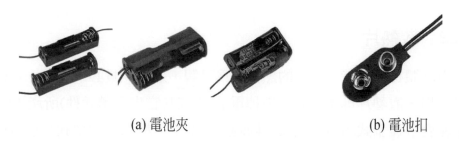

(a) 電池夾　　　　　　　　　　　(b) 電池扣

圖 1-9-20

1-9-21　繼電器

繼電器又稱為電驛，是利用電磁鐵的力量改變接點的啟閉之裝置。外型如圖
1-9-21。符號中之 N.O.表示常開接點，N.C.表示常閉接點。若繼電器的線圈通
電，則原來閉合的接點會打開，原來打開的接點會變成閉合。

繼電器常見的規格有 6V、12V、24V、48V、100V、110V、200V、220V 等多
種，並分有交流及直流，可依需要而選用之。低壓的直流繼電器可直接用電晶
體驅動，所以在控制電路中使用起來非常方便。

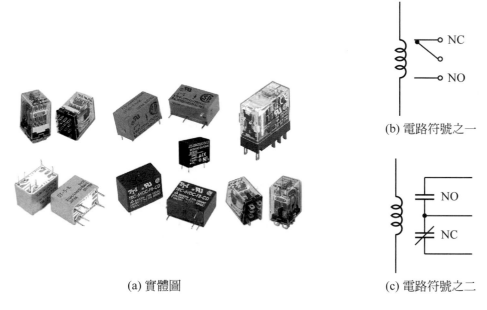

(a) 實體圖

(b) 電路符號之一

(c) 電路符號之二

圖 1-9-21　繼電器

1-9-22　散熱片

功率電晶體在使用時，產生的熱量甚為可觀，這些熱量必須散掉，否則電晶體
容易受損，散熱片即用來幫忙散掉電晶體(或其它半導體元件)所產生的熱量。
為了配合各種型式的電晶體及不同的熱量散失，散熱片的型式有很多種，如圖
1-9-22。

圖 1-9-22　散熱片

1-9-23　旋鈕

旋鈕係爲配合各式各樣的開關而設，裝上後不但開關較易於操作，而且美觀多了。圖 1-9-23 即爲市售旋鈕中的一部份型式。

圖 1-9-23　旋鈕

1-9-24　石英晶體

石英晶體 QUARTZ CRYSTAL 簡寫爲 X'TAL，電路符號如圖 1-9-24(b)。

因爲石英晶體之振盪頻率極爲穩定，不易因電源電壓、溫度等條件之變動而產生變化，因此高級的通訊器材、電腦、電子錶、電子鐘等需要極準確振盪頻率的設備中常使用之。

除了圖 1-9-24(c)所示之規格在本省較易購得之外，近年來專爲電子鐘、電子錶而開發的 32768Hz、30720Hz、3579545Hz 之石英晶體，在本省各大電子材料行亦極易購得。

1 MHz	6 MHz	12 MHz
2 MHz	8 MHz	14.318 MHz
3.579 MHz	10 MHz	16 MHz
4 MHz	11 MHz	20 MHz
5 MHz	11.059 MHz	24 MHz

(a) 實體圖　　　　　　(b) 電路符號　　　　　　(c) 常用規格

圖 1-9-24　石英晶體

1-9-25　積體電路

積體電路 Integrated Circuit 簡寫爲 IC，意思是積集在一體的電路。外型如圖 1-9-25，是一種多腳的包裝體。

圖 1-9-25　IC 之實體圖

IC的內部包含了很多電晶體、電阻器、電容器，等於是把很多電子零件密集的裝在同一個外殼裡。但IC因爲散熱的限制，不能製作大功率的電晶體在內部，也由於體積的限制，不能製作大容量的電容器或電感器在裡面，同時它也需要電源才能工作，因此必須留有許多隻腳與外界的電路相接。

IC可能是一個完整的電路，只要加上電源即可工作，也可能還要許多外接零件才能正常工作。它最主要的優點是：①可以節省空間及裝配的時間。②品質容易掌握。③故障時只要整塊換掉即可，乾淨俐落，減少檢修的時間。

由於業餘者在電子材料行購得之 IC，於未裝上電路之前，無法得知其良否(若買電晶體等零件，則憑著一個三用電表，就可在電子材料行當場判斷良否)。因此除非電路很複雜，不藉 IC 來簡化電路、縮小體積不可，否則初學者多認爲儘量少用 IC 爲妙。

有些人認為 IC 是萬能的，電晶體早已落伍了，這種觀念是錯誤的，殊不知在電源電壓很低(例如 DC 3V 以下)，電源電壓很高(例如超過 DC 80V)或輸出較大電流(例如數 10A)的場合，IC是無法勝任的，這時候就非藉助於電晶體不可了。在許多場合裡，若把 IC 配合電晶體使用，會有紅花綠葉相得益彰之效。

1-9-26　IC 座

一般 IC 的接腳至少有 8 隻以上，為了檢修及更換 IC 的方便，裝配電路時往往需購買 IC 座(見圖 1-9-26)來使用。

應用IC座時，只要把IC座銲牢於電路板上，然後再把IC往IC座上一插即可。由於IC包裝有很多種，因此IC座的接腳必須配合IC使用。其規格有 6P、8P、14P、16P、18P、20P、22P、24P、28P、32P、40P、42P 等多種。(註：8P 表示 8 隻腳，14P 表示 14 隻腳，餘類推。)

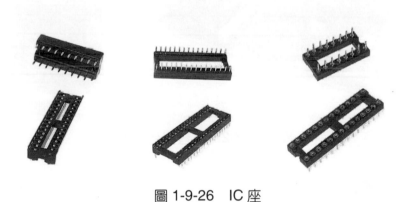

圖 1-9-26　IC 座

1-9-27　分音器

分音器是利用電感器($X_L = 2\pi f L$)及電容器($X_C = \dfrac{1}{2\pi f C}$)之特性，將擴音機輸出之信號依頻率($f$)之高低分開，分別送至相對應的揚聲器之裝置。

分音器有二音路(2 Way)及三音路(3 Way)兩種，分別如圖 1-9-27-1 及圖 1-9-27-2 所示。通常被裝於喇叭箱內。所用之電容器皆為 NP 電容器。

二音路分音器

二音路喇叭

圖 1-9-27-1　二音路分音器

三音路分音器

三音路喇叭

圖 1-9-27-2　三音路分音器

1-9-28　導線

凡用以傳導電流之金屬線稱為導線。俗稱電線。

目前在電路中使用的導線多為銅線，也有小部份是鋁線。粗的導線可以允許通過較大的電流，細的導線只能通過較小的電流。

導線可概分為單心線及絞線兩大類。由單股導線所構成者稱為單心線，如圖1-9-28(a)所示；單心線的質地較硬，適用於固定不動之配線，電子電路常用之單心線為0.6mm的鍍錫銅線。由多股導線扭絞而成之導線稱為絞線，如圖1-9-28(b)；絞線具有柔韌性，因此允許時常移動，電子電路中常用的絞線有7心、19心、30心、37心、50心等數種。

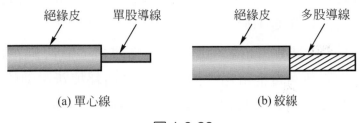

(a) 單心線　　　　　　　　(b) 絞線

圖 1-9-28

1-9-29　乾電池

小型收音機、迷你型隨身聽、手電筒、……等多半用乾電池來供應所需的低壓直流電。常見的乾電池如圖 1-9-29 所示，有鋅乾電池及積層乾電池兩種，茲分別介紹如下：

(1)　鋅乾電池

鋅乾電池每一個都是 1.5V，它是我們最容易在電器行及電子材料行購得之乾電池。常用的規格有 UM-1(1 號電池)、UM-2(2 號電池)、UM-3(3 號電池)、UM-4(4 號電池)四種。UM-5 則被用於一些空間被限制的場所(例如小型玩具中)。

圖 1-9-29　乾電池

乾電池的體積愈大的，供電量愈多，體積較小的供電量也較小。例如我們用 UM-1 和 UM-3 點亮同樣的小電燈泡，則 UM-1 可點得比較久。

(2)　積層乾電池

積層乾電池的內部是由數個基本電池(1.5V)堆積(串聯)而成的，常用的積層乾電池由於內部由 6 個基本電池堆積而成,因此稱為 006P 乾電池,它的電壓是 1.5V×6＝9V。

乾電池使用一段時日後,它的內阻會增大,而使供應出來的電流減小。若你將新舊電池併用,則舊電池會消耗掉新電池的部份能量,所以**當你要換乾電池的時候,不要新舊併用**,否則你會得不償失。

下表是一些乾電池的尺寸,給讀者作個參考:

規格	電壓(V)	尺寸(mm)	備註
UM-1	1.5V	直徑 34mm 高度 61mm	(SIZE D)
UM-2	1.5V	直徑 26mm 高度 50mm	(SIZE C)
UM-3	1.5V	直徑 14.5mm 高度 50mm	(SIZE AA)
UM-4	1.5V	直徑 10.4mm 高度 44.3mm	(SIZE AAA)
UM-5	1.5V	直徑 11.0mm 高度 30.0mm	
006P	9V	17.5mm×26.0mm×49.0mm	

◻ 1-9-30 萬用印刷電路板

假如你想要製作成品,卻懶得自己洗印刷電路板,則你可向電子材料行購買圖 1-9-30 所示之萬用印刷電路板來用。因為萬用印刷電路板已經鑽好密密麻麻的洞,所以可以很方便就把零件銲牢,極適合製作少量的成品時使用。

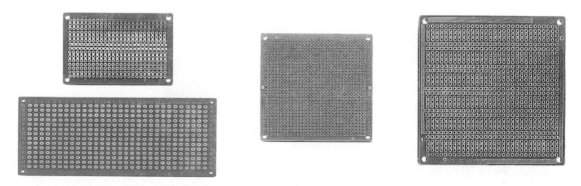

圖 1-9-30 萬用印刷電路板

1-9-31　PC 板隔離柱

製作成品時，假如所用機箱爲金屬製品，則不可以把印刷電路板直接密貼在機箱上加以固定，而必須使用圖 1-9-31 所示之 **PC 板隔離柱**把印刷電路板和機箱的金屬板隔開 0.5 公分以上，以免印刷電路板被機箱短路。

圖 1-9-31　PC 板隔離柱

1-9-32　電感器(線圈)

電感器(inductor)又稱爲線圈(coil)，常見的外形如圖 1-9-32 所示。

電感器是把導線(通常爲漆包線)繞在心材上而製成。電感器常被用在電路中擔任限流、降壓、升壓、濾除雜訊等功能。

電阻型電感器　　工字型電感器　　環型扼流線圈　　環型扼流線圈

圖 1-9-32　電感器

CH

2

印刷電路板

 2-1　印刷電路板的認識

印刷電路板 Printed Circuit Board 簡稱
PCB 或 PC 板。外型如圖 2-1-1，係在絕
緣板(常見的材料為電木板、玻璃纖維板)
上用環氧樹脂黏合一層銅箔而成。

PC 板的銅箔係用來代替傳統式的電
線裝配，由於使用 PC 板有下述五大優
點，因此 PC 板被廣用於半導體裝置中。

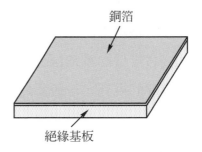

圖 2-1-1　印刷電路板

1. 可大量生產而減少所需時間，使成品的價格降低。
2. 人為的裝配錯誤可減少，節省了檢修時間。
3. 高密度化，可將大量的零件密集的裝在一個較小的面積內。
4. 確保電路之特性，品質容易掌握，品質管制容易。
5. 若大量生產，可使用浸銲法，將所有零件全部插入電路板後，浸入溶化的銲錫
中，一次即完成全部銲接工作，美觀又快速。

2-2 PC 板的製作

　　PC 板在大量生產時，可以使用網版印刷法或使用感光抗蝕劑來製作，但這些製作方法所需之設備，價格較昂，且製作過程繁複，並不適於一次只要製作一塊或兩塊 PC 板的業餘製作者，故不加贅述，本節僅針對業餘製作者的少量製作方法加以說明。

2-2-1　印刷電路板的設計

1. 收集所需的所有零件。(備齊零件才有辦法知道零件之大小及接腳間的間隔)

2. 根據電路圖，用方格紙(最好使用 0.1 吋之方格紙，若當地文具行沒有，可退而求其次，購買 1mm 之方格紙)按照實物之大小繪製印刷底板圖：

    (1) 按電路圖將所用零件，依電路之方式在方格紙上(若不用方格紙則不易將零件排整齊)作實體排列(零件可依垂直及水平的方向排列，以求整齊美觀)。

    (2) 作實體排列時，零件的前後次序宜依電路圖而行之，不宜將前後級之零件交錯排列，否則將來裝成的電路容易產生疑難雜症(往往找了大半天還是找不出動作不正常的原因)。

    (3) 在方格紙上繪出各零件之接線線條(這就是將來我們要留在PC板上用來連接各零件的銅箔部分)。然後移走零件。

    (4) 零件的排列，一般都以電晶體為中心而向外展開，在其四周的空間排列電阻器、電容器等零件，故電晶體位置的決定是印刷電路板設計上的一大課題。

    (5) 第(3)步驟完成後我們即得到了印刷電路板的草圖，此時我們可根據草圖略作修改，使其更趨完美。

3. 設計中應特別留意下列各點，以免錯誤出現：

    (1) 接地線不得設計為閉合的環狀。銅箔若成閉合的環路，電路容易受電磁雜波之干擾。見圖 2-2-1。

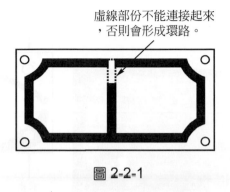

圖 2-2-1

(2)　不得把輸出級靠近輸入級。輸出、輸入互相靠近，成為圖 2-2-2(a)之狀態，
　　　易使電路產生振盪，易令擴大機產生嘯叫。

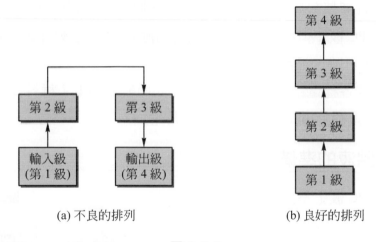

(a) 不良的排列　　　　　　　　　　(b) 良好的排列

圖 2-2-2

(3)　各級零件之前後次序不得任意對調排列，否則電路可能因漣波之干擾或級
　　　間的不正常回授而動作不正常。

(4)　若在同一塊 PC 板上要裝置兩個相同的電路(例如：立體聲擴大機)，要力求
　　　兩邊排列之對稱。圖 2-2-3 即為一例。

(5)　PC 板上通常都要鑽孔，以便用螺絲固定在機箱上，這些孔之位置不得在
　　　銅箔上。圖 2-2-4 即為一不良例。

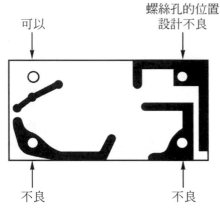

圖 2-2-3   圖 2-2-4

2-2-2　PC 板的準備

在電子材料行裡都有裁好的小塊 PC 板出售，購買時只要挑選單面銅箔的即可，因爲雙面銅箔的 PC 板不但價格較貴，且浪費腐蝕液(若你是製作極複雜之電路，非用雙面的 PC 板不可時，另當別論)。

若你時常製作各種電路，需要量較大，不妨向較大的電子材料行訂購整片的PC板(1 公尺見方，厚度以 1mm 及 2mm 兩種較常用)。

2-2-3　腐蝕液的準備

我們必須將 PC 板上不需要的銅箔去除，只留下要作電路連接的部份。不必要的銅箔我們是用腐蝕的方法去除。最常用的腐蝕液爲氯化鐵溶液，其來源有二：

1. 到電子材料行購買已經泡好的瓶裝氯化鐵溶液(如圖 2-2-5 所示)回來使用。

圖 2-2-5　氯化鐵溶液

2. 自己泡製：

　　(1)　到化學原料行購買塊狀的氯化鐵。(棕黃色者腐蝕力強，棕橙色者腐蝕力較弱)

　　(2)　拿回家後以石塊或鐵錘將其擊碎。(擊成碎塊較易溶解)

　　(3)　在塑膠容器裡放入一些溫水。**(不可以使用金屬容器)**

(4) 把氯化鐵放入容器中，讓其溶解，並用非金屬物體(例如：竹筷子或木棒)加以攪拌。

(5) 氯化鐵在溶解後，容器底部會留有一些不論怎麼攪拌都無法溶解的小塊，此時的氯化鐵溶液即為飽和溶液 (若氯化鐵能全部溶掉，表示濃度不夠，尚未達到飽和的程度，宜再將一些氯化鐵置入容器內)。

(6) 把容器底部之多餘塊狀氯化鐵移去。

(7) 將飽和溶液加入 20%的水，即成良好的腐蝕液(有部份初學者認為氯化鐵溶液的濃度愈高腐蝕力愈強，這是不正確的)。

(8) 若你嫌(4)～(7)步驟麻煩，那麼你可把氯化鐵慢慢酌量置入容器中攪拌，直至用肉眼可以大略看清容器的底部之程度即可。

2-2-4　抗蝕劑的塗佈

PC 板欲留銅箔之處必須塗上抗蝕劑，否則 PC 板丟到氯化鐵溶液後，銅箔將全部被腐蝕掉。塗佈抗蝕劑的方法如下：

1. PC 板以 600 號以上的細砂紙(號數愈多，砂粒愈細)將銅箔面的各角落全部磨淨、磨亮(買來的 PC 板，若表面已嚴重氧化，或沾有油污，若不將這些銅垢除去，洗出來的 PC 板會一團糟)。

2. 在銅箔面上置一張複寫紙，然後上面蓋上已設計好的印刷電路板圖樣(本書中各電路多附有 PC 板設計圖，可供參考，若讀者有興趣，亦可依電路圖照 2-2-1 節所述之方法與原則，自己練習設計看看)，以鉛筆或原子筆描繪一次，使銅箔的圖樣轉印到 PC 板上。

3. 在欲留銅箔之處以油性簽字筆 (例如：英士牌速乾筆或利百代速乾筆等奇異墨水筆)細心而且耐心的均勻塗上兩、三層(至少兩層，否則腐蝕好的 PC 板，銅箔會千瘡百孔，導電不良)。

4. 待油質墨水乾後，以刀片將線條的邊緣刮齊，以求美觀。

5. 備註：欲製作較精密或較美觀之 PC 板時，需到較具規模的電子材料行去購買「印刷電路板製圖用膠點帶」或「印刷電路板製圖用轉印紙」來使用(請參閱圖 2-2-6 及圖 2-2-7)。膠點帶及轉印紙所黏貼之部份完全不會被腐蝕。

6. 若一次要製作數片完全相同的印刷電路板，可使用**感光印刷電路板**較方便。詳見書末的附錄三。

誤差保證不超過 0.02"。

取用時迅速方便。

作圖錯誤時，可重新更正，不傷底紙。

提供適當黏度，膠點帶不起皺痕或脫落。

圖 2-2-6　製圖用膠點帶可黏貼於 PC 板，黏貼之部份完全不會被腐蝕

圖 2-2-7　轉印紙備有各種常用數字、符號、圖形，轉印簡易，不易剝落

2-2-5　PC 板的腐蝕

1. 使用圖 2-2-8 所示之蝕刻機加熱器(外形及構造與魚缸加溫器相似,但魚缸加溫器的可調範圍為 16℃～34℃,蝕刻機加熱器的可調範圍為 45℃～60℃)將氯化鐵溶液加熱使溫度上升,或將盛氯化鐵溶液之容器置於大約 60℃ 的溫水中,使容器內的氯化鐵溶液之溫度上升(氯化鐵溶液在 40℃～60℃ 之間的腐蝕力較常溫時為佳)。

圖 2-2-8　蝕刻機加熱器(金電子公司的產品)

2. 把 PC 板放入氯化鐵溶液中,並時常把 PC 板搖動(或將氯化鐵攪動)以提高腐蝕的速度。

3. 在看到底板上不要的銅箔已完全蝕去後,就可以拿出來用清水沖乾淨了。若仔細檢查後發現還有一些地方還未蝕透,可再把 PC 板放入氯化鐵溶液中,直至不要的銅箔已完全蝕去為止。

4. 用水沖洗乾淨後,可使用酒精、香蕉水或汽油、去漬油等將奇異墨水洗掉(若家中恰好沒有酒精、汽油等,可使用人工菜瓜布一面刷,一面打開水龍頭沖洗,將奇異墨水洗掉)。

5. 如腐蝕的時間超過 20 分鐘才能將不要的銅箔完全蝕去,則洗出的 PC 板一定不很理想,必須調整氯化鐵的濃度。

6. 氯化鐵使用一段時間後,顏色會變綠,腐蝕力會降低,此時應將這些陳舊的腐蝕液加入大量的水稀釋後倒入水溝。企圖補充氯化鐵以增強陳舊腐蝕液之腐蝕力,是不經濟的作法。

7. 若經濟能力許可,筆者建議你購買如圖 2-2-9 所示之 "PC 板蝕刻機"。此裝置除了具有加溫作用外,還不斷打氣使內部的腐蝕液攪動(有點類似熱帶魚的養殖槽),因此腐蝕速度較快,大約 5～8 分鐘即可完成一塊 PC 板。

8. 若手或衣服沾上氯化鐵,必須馬上以清水沖洗,以免日後不易洗淨。

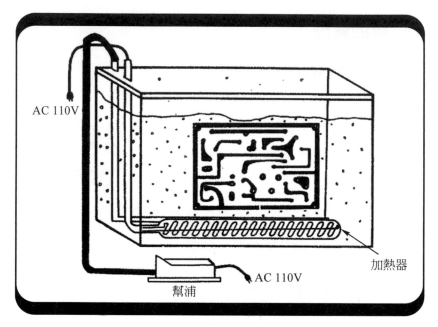

圖 2-2-9　印刷電路板蝕刻機

2-2-6　PC 板之鑽孔

1. PC 板若欲放置多日後才使用，則為了避免潔淨閃亮的銅箔被空氣氧化，而於日後銲接困難，必須在 PC 板上薄薄的塗一層防氧化助銲劑(到化學材料行或國樂行買些松香回來，溶入酒精或香蕉水等溶劑內即成價廉好用的防氧化助銲劑)。

2. 若是不久就要使用，即可免去第 1 步驟。

3. 選擇適當大小的鑽頭鑽孔(一般的零件腳，用 1mm 的鑽頭鑽孔即可，螺絲孔則多為 1/8 吋)。

4. 鑽孔時，在學的讀友可借用學校的鑽床使用，否則可購買一支手搖鑽(數 10 元)或購一支圖 2-2-10 所示之迷你電鑽(約 300～700 元，有國產品也有進口貨)使用。

圖 2-2-10　迷你電鑽

2-3 電子零件在 PC 板上裝置之方法

1. 電阻器、二極體、臥式電容器等零件,要使左右引線對稱,且不受張力,如圖 2-3-1。

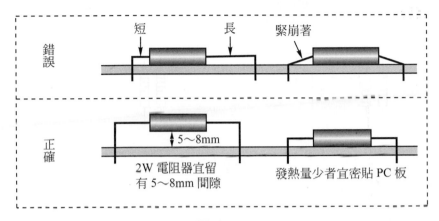

圖 2-3-1

2. 電晶體的腳只留 5～8mm 即可,多餘的引線要剪掉,見圖 2-3-2。

3. 立式電容器、立裝的電阻器或二極體等,必須與 PC 板密接。若因 PC 板上所鑽之孔與電容器的兩引線間之距離不符,可稍留間隙,以利引線彎曲,但間隙亦不宜超過 2mm。如圖 2-3-3 所示。

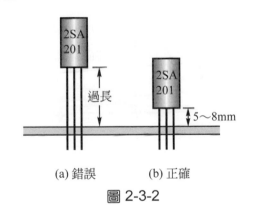

圖 2-3-2

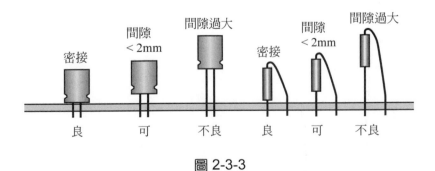

圖 2-3-3

4. 有「極性、電容量、電阻值或二極體、電晶體編號」的零件，要使其文字朝上或朝外安裝，以便辨讀。

5. 零件安裝後，應該使其零件值之方向一致，如圖 2-3-4(b)，以方便辨讀。

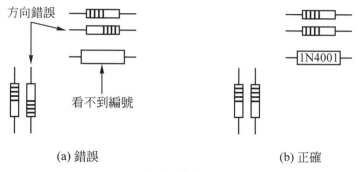

(a) 錯誤　　　　　　　　　　(b) 正確

圖 2-3-4

6. 零件腳的處理方式有二：

   (1) 在銲接後才將多餘的腳剪掉，如圖 2-3-5(a)。

   (2) 將引線彎折後留 1～3mm 長度，餘剪掉，如圖 2-3-5(b)，然後才銲接。習慣上，彎折的方向為電晶體、立式電容器、小型繼電器之接腳，向外彎曲，其餘零件之接腳向內彎曲之。

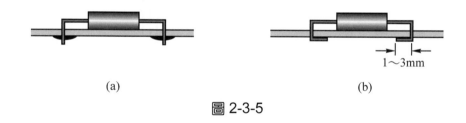

(a)　　　　　　　　　　(b)

圖 2-3-5

電子電路銲接

電子零件的相互連接，接點不但要有良好的導電性能，而且必須具有良好的機械強度，因此銲接成為電子電路製作、檢修所不可缺少之作業。初學者慢慢摸索，固然也可以作好銲接，但閱讀本章，卻能達到事半功倍之效。

3-1 銲錫

銲錫是錫與鉛的合金。單純的錫由於價格昂貴，且熔點較高，故實用的銲錫皆加入適當比例的鉛，以降低其熔點，增加其機械強度，並降低成本。

圖 3-1-1 之錫鉛合金狀態圖，可讓我們對於銲錫之特性，有充分的了解。

由圖 3-1-1 可看出 63/37 之銲錫(即含錫 63%含鉛 37%之銲錫)熔點最低，只要361°F即可熔化成液態，而且從液態轉變為固態時沒有糊狀範圍存在，因此是最優良的銲錫。其他比例之銲錫皆有糊狀範圍存在，例如30/70之銲錫，於 500°F 以上時是液態，361°F 以下是固態，在 361°F 至 500°F 之間則為糊狀。被銲接物在銲錫為糊狀時，若被動搖了一下，則此接點將成為一個失敗的銲接點，故糊狀範圍愈大者愈不容易形成良好的銲接。採用良好的銲錫，雖然價格較貴，但對於工業界或初學者，皆有甚大的好處。

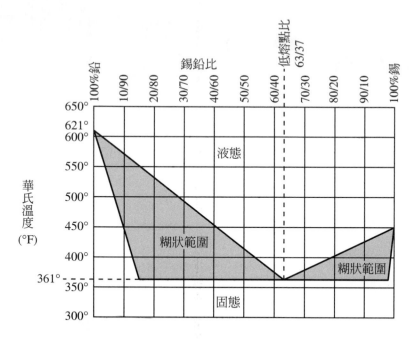

圖 3-1-1 錫鉛合金狀態圖

下表對銲錫作了一個簡要的說明：

63/37	最佳的銲錫，熔點低，不呈糊狀，但是在一般電子材料行不易購得。
60/40	良好的銲錫，可在電子材料行購得，讀者們最好採用此種銲錫。
50/50	價廉，甚易購得，品質尚可。

常見的銲錫有塊狀、棒狀、線狀等數種。塊狀及棒狀適用於自動銲錫機或浸漬之用。人工銲接應該購買含有松香心的線狀銲錫。目前在電子材料行所售之線狀銲錫(俗稱錫絲)幾乎全部都含有松香心，如圖 3-1-2 所示。含有松香心之銲錫以 RH 表示，RH-60 即代表含錫量 60%之松香心錫絲。

選購錫絲時，不要購買線徑過粗的，因為電子電路的接點不大，使用細的錫絲較易控制每個接點的用錫量，同時直徑小的錫絲較易熔化，對銲接工作很有幫助。所購錫絲之直徑以不超過 1.2mm 為佳。1.6mm 以上之錫絲僅適於銲接較大的接點。

為了方便初學者採購，市面上有一種每卷大約 10 元的小型包裝，品質頗佳，初學者不妨用之。

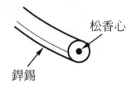

松香心

銲錫

(a) 實體圖　　　　　　　　　　　　(b) 結構圖

圖 3-1-2　松脂心銲錫絲

3-2　電烙鐵

　　電子電路銲接之加熱工具有兩種，一為電烙鐵，它能夠擔任長時間的連續工作，另一為電銲槍，適用於間斷性的銲接工作。本節先將電烙鐵做一個說明，電銲槍則留待 3-3 節加以探討。

3-2-1　常見的電烙鐵

　　電烙鐵的電力容量(即瓦特數)關係著熱容量及最高溫度。電力容量太小的電烙鐵，熱容量不夠，連續銲接兩、三個接點後，銲頭的溫度即顯著下降而顯出力不從心的樣子，無法作連續性的銲接工作。電力容量過大的電烙鐵，不但體積大，握持不易，手容易疲勞，而且溫度過高，易破壞電子零件。

　　對於電子同好們而言，以 30W 及 40W 的電烙鐵最為合適。在本省的各電子材料行皆可輕易的購得 30W 及 40W 的電烙鐵。

　　圖 3-2-1 為本省常見的電烙鐵。購買時可選用體型輕巧、容易握持使用之型式。

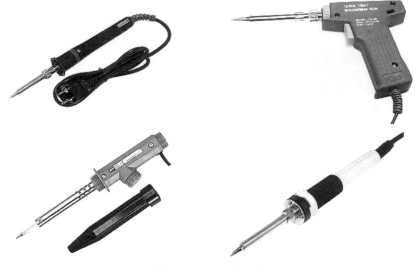

圖 3-2-1　電烙鐵

3-2-2　電烙鐵溫度控制器

　　工作中，若暫時將電烙鐵擱置一段時間不用，銲頭的尖端容易氧化而導致稍後之銲接工作發生困難。若把電源切斷，則待會兒要用時又得等個半天，實在煩人(冷烙鐵要達到工作溫度，得好幾分鐘)。筆者於此奉勸讀者諸君裝置一個圖 3-2-2 所示之「電烙鐵溫度控制器」，它將帶給你很大的方便。該溫度控制器是由一個整流二極體和單刀雙投開關所組成。當開關右滑時，二極體使電烙鐵只獲得半波的電源，電烙鐵只剩一半的容量，作為保溫；開關左滑時，可使溫度很快上升至工作溫度。

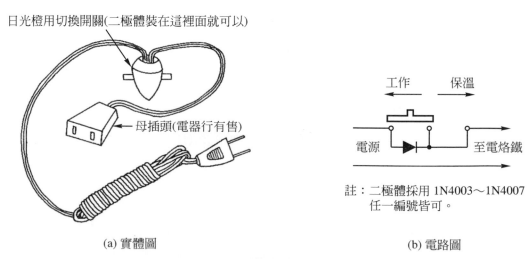

(a) 實體圖　　　　　　　　　　　　　(b) 電路圖

圖 3-2-2　電烙鐵溫度控制器

3-2-3　單手式電烙鐵(自動送錫電烙鐵)

　　一般的銲接作業，都是右手持烙鐵，左手拿錫絲，雙手並用同時進行，但是在遇到必須一手持烙鐵一手拿器材的場合，會嫌少了一隻拿錫絲的手，單手式電烙鐵即針對此種需求應運而生。

　　單手式電烙鐵又稱為自動送錫電烙鐵，如圖 3-2-3 所示，其特點為：

(1)　可單手操作

　　　持烙鐵和送錫之工作由一手包辦。

(2)　固定的供錫量

　　　供錫的多寡由板機控制。可一面扣扳機，一面察看錫量是否足夠。需要較多銲錫的場合，就多扣幾下扳機。扣扳機的次數相同時，供錫量就一樣。

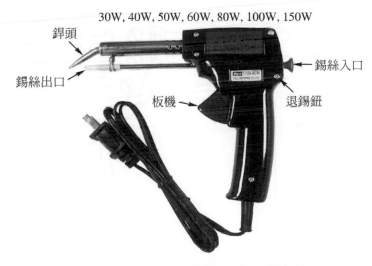

30W, 40W, 50W, 60W, 80W, 100W, 150W

銲頭

錫絲出口

錫絲入口

板機

退錫鈕

圖 3-2-3　單手式電烙鐵(自動送錫電烙鐵)

3-3　電銲槍

　　電子電路的銲接工具，除了電烙鐵外，尚有一種發熱迅速，外型似手槍的銲接利器，那就是本節要談的"電銲槍"。

　　當你只要銲接少數幾個接點時，你會發現電銲槍用起來甚令人滿意。電銲槍自通電至銲頭達到工作溫度，大約只要 3 秒鐘，而一般的電烙鐵卻需要通電 2～5 分鐘才可以開始應用。

　　由於電銲槍具有速熱之優點，故電路檢修者及業餘的電子裝配者多使用之。然而用其作複雜電路之裝配而將其連續通電，或企圖將其用於電子工廠的生產線作連續性的長時間通電，則是不智的作法，電銲槍的壽命會大為縮短。在作大量接點的銲接工作時，電烙鐵才能勝任愉快。

　　電銲槍如圖 3-3-1 所示。其內部裝有一個變壓器將 AC110V 的電源降至 1 伏特以下，因為銅質銲頭之電阻很低，所以二次側的電壓 E 雖然很低，但電流 I 卻很大，功率 P=IE 還是甚為可觀，短時間就可產生足夠的熱量(若銲頭之固定螺絲未鎖緊，則通過銲頭之電流會大幅降低，以致銲頭所生之熱量不足以使錫熔化，宜留意之)。

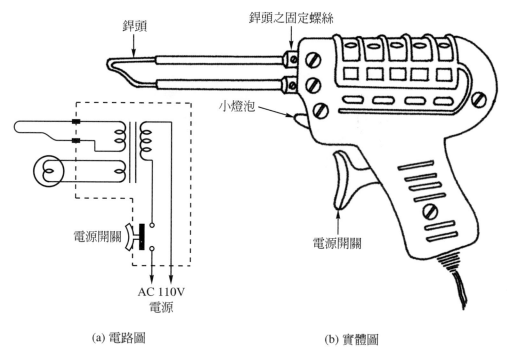

銲頭　　　　銲頭之固定螺絲

小燈泡

電源開關

AC 110V
電源

電源開關

(a) 電路圖　　　　　　　　　　　(b) 實體圖

圖 3-3-1　電銲槍

　　電銲槍具有自動調溫之特性。電銲槍二次側電流通行之路徑為銅銲頭，而銅具有不小的溫度係數，所以在通電之初電流非常大，但在銲頭熱後，銲頭的電阻即自動上升而使電流大量降低，在銲頭與被銲物接觸，熱量傳至被銲物時，由於銲頭之溫度下降，銲頭的電阻亦減小，因而電流又自動增大，這便是電銲槍的自動調溫作用。

　　因為銲頭的溫度甚高，且暴露於空氣中，所以銲頭會慢慢氧化、腐蝕，終至斷開，故使用一段時間後需要更換銲頭，所幸銲頭的價格並不貴。

　　最後必須一提的是電銲槍的電源指示燈兼有照明的功用，若損壞了要加以更換，則需購買原來所附的那種集光燈泡，而不要購買大型手電筒用的那種圓球型燈泡。因為集光燈泡的玻璃泡前端附有透鏡，能夠把光線集中而照射在銲頭所接觸的被焊處。

3-4　作好銲接工作的要訣

　　銲接是電子、電機工業所不可缺少的主要作業之一，銲接之良否直接決定了製成品特性之優劣，也決定了長期使用的可靠性。

　　你也許認為銲接是一件很簡單的工作。是的，假如你已懂得要領的話，要作好銲接工作確實易如反掌。常見一些學生在銲接時，總是先把銲錫熔在電烙鐵或電銲槍的銲頭上，然後用銲頭在接點上塗啊塗的，好不容易才把銲錫塗上了，但線路被銲得一團糟不說，甚至用手輕輕一抽，就能使零件的引腳脫離那團辛苦塗上去的錫團(此種情形稱為虛銲或假銲接，銲錫並未與被銲物結為一體，而只是把被銲物包起來)；用這種和泥水匠以鏝刀輸送泥漿去抹牆壁一樣的方法來從事銲接工作，看了就令人難過，因此覺得有必要在此作一個說明，以免初學者對銲接工作不得其門而入。

3-4-1　準備工作

1. **將銲頭鍍錫**

　　銲頭的功用是對被銲物加熱，以使其溫度達到足以使錫絲熔化的程度，因此銲頭能迅速傳熱至被銲物，是作好銲接工作的一個重要條件。

　　銲頭若有氧化現象，則氧化層會阻止熱由銲頭傳至被銲物，有良好「鍍錫」的銲頭才能迅速將熱傳給被銲物。所謂「鍍錫」是指銲頭的末端滿佈銲錫，但這只是用以幫助傳熱的一層很薄的錫，並不是要利用銲頭上的錫去塗接點之用，所以銲頭必須經常以溼海綿或溼棉布擦拭，一方面將銲頭上過多的錫除掉，一方面可使這層薄薄的錫保持明亮。

你的電烙鐵或電銲槍上的銲頭，若曾因不當的使用，以致銲頭表面產生了氧化層，使用起來不怎麼稱心，那麼請你先作下述的鍍錫工作。假如你的電烙鐵或電銲槍是新買的，也請你看看銲頭上是否有一層錫，否則亦請先將其鍍錫。

如何鍍錫？首先，你必須確定銲頭是冷的，否則將電源插頭拔掉，讓銲頭冷卻。然後用細砂紙(或砂布)仔細的將銲頭表面磨光亮。通電，然後將錫絲(帶有松香心的錫絲)來回塗抹銲頭的發亮面，松香將會先熔化，稍後銲錫即跟著熔化，移動錫絲使發亮面全部佈滿銲錫。當焊料已全覆蓋發亮面後，以沾溼的海綿或溼棉布徐徐擦拭，除去多餘的銲錫。如此，你已完成鍍錫的工作。往後，若銲頭有一段時間要擱置不用，記得在銲頭上多加點錫，待要開始銲接時再將多餘的錫擦掉，如此會使銲頭表面永遠保持光亮，銲接的工作也才能得心應手。

2. **準備一個電烙鐵置放架**

你用的銲接工具如果是電烙鐵的話，你還必須準備一個置放架，以免銲頭燒壞了工作檯。市面上有如圖 3-4-1 所示之電烙鐵置放架可以購買，但你也可以自己用鉛線或銅線如圖 3-4-2 自製一個簡單型的電烙鐵置放架使用。

圖 3-4-1　電烙鐵置放架

3. **作好清潔工作**

嶄新的零件，其接腳必定光亮無比，銲前並不需加以清潔。但零件若已庫存很久，引線(接腳)上有油污或其他不潔物，或者引線表面已形成一層很厚的氧化層，則會導致銲接工作的困難，銲接前應該使用細砂紙清潔導體之表面，使之光亮。手邊若無細砂紙時，亦可使用刀片輕輕的刮淨。

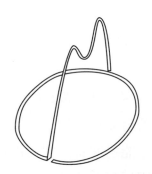

圖 3-4-2　自製之電烙鐵置放架

若印刷底板或銲架上之銅片有氧化層或污物，亦應加以清潔。如此才可確保銲接工作的完美。

4. **絞線要預先上錫**

若在電路中必須使用絞線做連接，則預先將絞線做上錫處理，會使銲接工作更稱心如意。導線的上錫處理，非常容易。將烙鐵放在置放架上，把欲上錫之導線緊靠在銲頭上，待兩秒後導線的溫度上升了，再在銲頭上加上銲錫即可。如圖 3-4-3 所示。此時銲錫將熔化而進入絞線的各股間，而將絞線之線端結為一體。

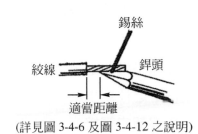

(詳見圖 3-4-6 及圖 3-4-12 之說明)

圖 3-4-3　絞線的上錫處理方法

注意！剝除導線的絕緣皮，必須如圖 3-4-4(a)所示，先剝離一個間隙(約 5～10mm)，但絕緣皮還有一部份留在絞線上，並未完全脫離，然後如圖 3-4-4(b)所示一面順時針旋轉絕緣皮，一面將絕緣皮往外拉。否則線端會鬆散成傘狀。

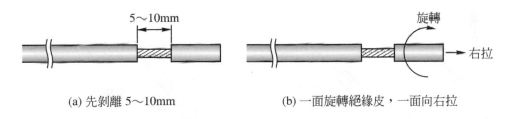

(a) 先剝離 5～10mm　　　　(b) 一面旋轉絕緣皮，一面向右拉

圖 3-4-4　絞線之剝皮方式

3-4-2　如何做好銲接工作

要作好銲接工作，只要照著下述銲接六步曲進行即可：

(1) 擦拭一下銲頭，使之光亮，然後加點銲錫在銲頭上以利傳熱。

(2) 將銲頭緊靠在欲銲處。

(3) 5 秒後將錫絲送入銲頭與被銲物間(初學者可大聲喊出：「一聲良好的銲接，二聲良好的銲接，三聲良好的銲接」，喊這三句話的時間大約恰好是 5 秒鐘)。

(4) 熔入適量銲錫後，將錫絲移去。

(5) 移走銲頭。在銲錫未硬化以前，不得移動零件(若在銲錫硬化期間不小心動了被銲物，必須立即以銲頭再加熱，便銲錫熔化，然後再移走銲頭，使銲錫冷卻硬化)。

(6) 若要連續銲接很多接點，只需重複第(2)～(5)步驟即可。一段時間後，若銲頭不大光亮了，再重複一下第(1)步驟即可。

你如果遵照上述六大步驟從事銲接工作，銲接點必定光滑而明亮。茲將各種情況下之注意事項詳述於下，以供初學者參考。

1. 接線架之銲接

(1) 零件的引線及電路中作連接用之導線，先固定在銲架上。如圖 3-4-5(a)。引線要緊繞在銲片上，以構成良好的機械應力。

(2) 同一銲點之所有引線皆固定完成後，以銲頭緊靠在欲銲處。如圖 3-4-5(b)。

(3) 5 秒後將錫絲送至銲頭與被銲點之間。如圖 3-4-5(c)。

(4) 熔入適量銲錫後，移走錫絲，並移去銲頭。此時不得移動零件，應讓銲錫冷卻硬化。如圖 3-4-5(d)。

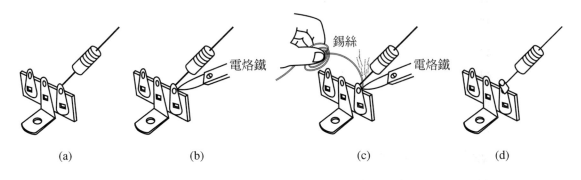

(a)　　　　　　　　(b)　　　　　　　　(c)　　　　　　　　(d)

圖 3-4-5　接線架之銲接步驟

(5) 若用以連接的導線是絞線，則在繞於銲片上的孔穴之前，必須預先作上錫處理，上錫處理的方法請回頭看看圖 3-4-3 之說明。上錫處理之良否如圖 3-4-6 所示。圖 3-4-6(b)因為上錫的長度過長，將導致彎曲(捲繞在銲片上)不易，故為錯誤的作法。

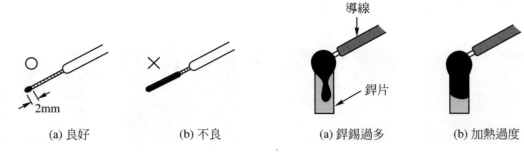

(a) 良好　　　(b) 不良

圖 3-4-6　需捲繞之絞線的上錫處理

(a) 銲錫過多　　(b) 加熱過度

圖 3-4-7　銲接不良的原因

(6) 銲片是直立而非水平的這種情形，銲接的技巧特別重要。圖 3-4-7(a)是銲錫用的過多以致滴下的情形。圖 3-4-7(b)則是加熱過度導致銲錫流下的情形。欲得良好銲接，不但加熱要適當，銲錫也要適量。

(7) 你曾為了銲錫一股腦兒往下流而煩惱嗎？於此讓筆者告訴你一個要訣。你如果在選購零件時，多留意一下，選用圖 3-4-8(b)這種有銲錫流動防止溝的銲片，那麼銲錫將不會越溝而流。假如你真的一時等不及多走幾家電子材料行尋找(b)圖這種，那麼你不妨自己動手將(a)圖這種銲片加工成(b)圖或(c)圖的型式。這樣子銲起來就稱心多了。

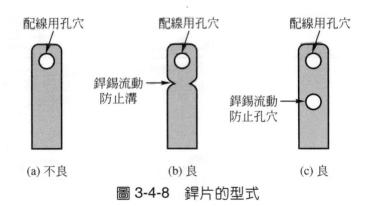

(a) 不良　　　(b) 良　　　(c) 良

圖 3-4-8　銲片的型式

2. 印刷電路板之銲接

(1) 零件插入 PC 板上之正確位置。如圖 3-4-9(a)。然後彎折引線，使之密貼銅箔，並將過長的引線剪掉。(可參閱圖 2-3-5 及其說明)

(2) 以銲頭緊靠在欲銲點。如圖 3-4-9(b)。

(3) 送上錫絲。如圖 3-4-9(c)。

(4) 熔入適量銲錫後，移走錫絲並移去銲頭。在銲錫未硬化以前，不要搖動零件。

(5) 銲好後之接點如圖 3-4-9(d)所示。應該光滑明亮。

(a) 插妥零件

(b) 把欲銲點加熱

(c) 熔入適量銲錫

(d) 移走錫絲及烙鐵

圖 3-4-9　印刷電路板之銲接步驟

(6) 銲接之良否，請參考圖 3-4-10。

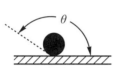
印刷電路板之銅箔
不光亮，造成虛銲
θ >>90°，不良

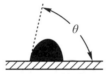
θ ≤90°，還勉強可以

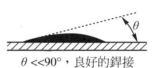
θ <<90°，良好的銲接

加熱稍微不足，附著角θ大

零件的引線不潔淨，
銲錫無法附著其上

錫絲移去後，銲頭久未移
走，加熱過度，使銲錫老
化。銲頭移走時產生角狀

適量的銲錫，可清
楚看出引線的形狀

銲錫過多，看不到
引線的形狀

PC 板鑽孔過大，產生針孔

適量的銲錫，可清楚
看出引線的形狀

銲錫過多，看不到引線
的形狀

PC 板鑽孔過大，產生針孔

圖 3-4-10　銲接是否良好之判斷

(7)　銲頭移開的方向與留在印刷電路板上的銲錫量有關，圖 3-4-11 是四種基本方法，初學者宜留意之，以期有效地控制銲錫量。

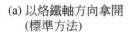
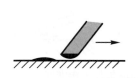
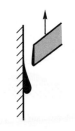

(a) 以烙鐵軸方向拿開　　(b) 水平移開(銲頭會帶走銲錫)　　(c) 向上垂直移開(銲頭　　(d) 向下垂直移開
　　(標準方法)　　　　　　　　　　　　　　　　　　　　　不會帶走錫)　　　　　(銲頭會帶走錫)

圖 3-4-11

(8)　印刷電路板若要銲上導線，則在右手拿烙鐵，左手持導線的情形下，將無法作好銲接工作。此時導線必須先作上錫處理，印刷電路板之銅箔亦需預先上錫。如圖 3-4-12 所示。預先上錫與否，對於銲接之良否有何影響呢？你只要看看圖 3-4-13 就明白了。

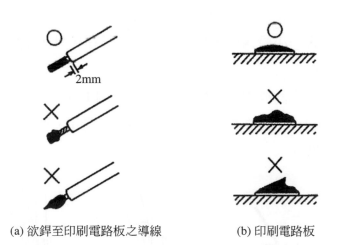

(a) 欲銲至印刷電路板之導線　　　　　(b) 印刷電路板

圖 3-4-12　上錫處理良否之判斷

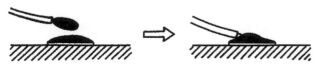

(a) 兩者皆預作上錫處理

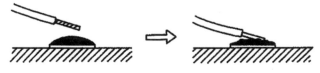

(b) 只印刷電路板作上錫處理

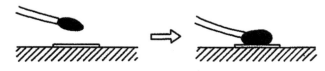

(c) 只導線預作上錫處理

圖 3-4-13

3. 杯狀端鈕的銲接

欲作杯狀端鈕(如：三用電表之測試棒、香蕉插頭等)與導線之連接，應嚴守下列步驟，否則將事倍功半：

(1) 在導線端預先上錫。如圖 3-4-14(a)。

(2) 在杯中置入一小段錫絲，然後將銲頭緊靠在杯外，使錫絲完全熔化。見圖 3-4-14(b)。

(3) 把已預先上錫的導線插入杯中，如圖 3-4-14(c)。待導線端之錫與杯中的錫熔化在一起後，移走銲頭。在錫冷卻硬化期間，導線及端鈕不得動搖，以免銲接失敗。

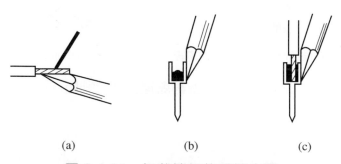

(a)　　　　　　　(b)　　　　　　　(c)

圖 3-4-14　杯狀端鈕的銲接步驟

3-5　注意事項

3-5-1　少用銲糊

　　氯化鋅(zinc chloride)是一種十分活潑的銲劑。俗稱銲糊或錫油。它能輕易去除金屬之氧化物，使銲接工作非常順手，免除先將引線、銅箔等清潔光亮之麻煩，因此很多初學者喜歡用它。不管三七二十一的每個銲接點都塗上一團銲糊。但是銲糊留在電路中，將吸取空氣中的水份而變成酸，腐蝕金屬。同時銲糊具有導電性，會使電路產生漏電，在日後使音響電路產生雜音，使控制電路失常，疑難雜症叢生。於此奉勸讀者諸君在銲接電路時不要使用銲糊。只要欲銲物是潔淨光亮的，含有松香心的錫絲即能使銲接工作十分容易的完成。

　　既然氯化鋅使用於電路中壞處多多，那麼氯化鋅為什麼還是被一罐一罐的包裝出售呢？它是用以供給從事板金工作的朋友們銲接大件的金屬物時使用的。在極高溫的銲接中，氯化鋅還能保持極優良的特性，而松香銲劑則心有餘力不足，但銲接完成後必須以洗劑將殘留的氯化鋅洗掉。除非在這種特殊用途，否則要避免使用銲糊。

　　最後，再強調一次，酸性的銲劑應避免應用於電路中之銲接。

3-5-2　安全至上

　　當你作電路裝製時，請遵守下列安全規則：

1. 你必須養成銲接工作完成後就將烙鐵移至安全的地方之良好習慣，不得隨手把烙鐵擱在工作台上。有時你通電試驗成功，一高興，手舞足蹈，手就不經意的被烙鐵灼傷了，真是不亦「熱」乎。

2. 工作中伸手去拿銲接工具時，請高抬貴頭。若你低著頭，眼睛盯著電路，可能沒有抓到握柄而抓住燒燙燙的銲頭。

3. 銲頭上若有多餘的錫想要除去，請用布擦拭，不要用抖的。抖落的錫粒可能灼傷皮膚。

4. 萬一不小心被燙傷了，必須立即用乾淨的冷水(例如自來水)沖(或浸泡)灼傷處，以便散掉熱量。

5. 輕度灼傷會使皮膚發紅、很痛、怕觸摸，但未起泡。此種灼傷雖然不嚴重，治療與否都無所謂，一個星期左右就能復元，但你必須用清潔的紗布蓋於灼傷處，停止此部份皮膚之運動，以減少痛若。

6. 若皮膚紅腫起泡，甚至呈現死白色、燒焦色(褐色)，於沖水冷卻後必須立即找外科醫生處理。不要自作聰明把泡弄破，以免引起病情惡化而後悔莫及。

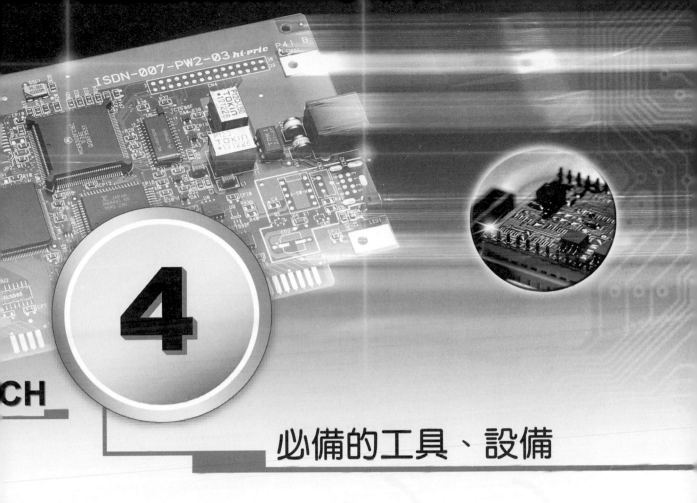

必備的工具、設備

「工欲善其事，必先利其器」，如果工具選用得當，做起事來將事半功倍，得心應手。除了由前述各節我們已知一支良好的烙鐵對於電子電路的裝配很重要外，在電子電路的製作上，你還必須有一些工具、設備，諸如：尖頭鉗、斜口鉗、螺絲起子、三用電表…等。茲分述如下：

4-1 你一定要具備的工具、設備

1. **尖嘴鉗**

   尖嘴鉗如圖 4-1-1(a)所示，可用以夾持零件、彎折導線，所附之刀刃可用以剪導線。

   尖嘴鉗在使用上非常靈巧，但不適於從事粗重的工作。選購要領請見圖4-1-1(b)。

2. **斜口鉗**

   斜口鉗具有兩片鋒利的刀刃，用以剪斷導線或剝除導線的絕緣皮非常方便。

   斜口鉗在選購時，必須挑選兩片刀刃密合者，詳見圖4-1-2。據筆者之經驗，以選購日貨較佳，國產的斜口鉗用起來常會嘔一肚子氣。

(a) 實體圖

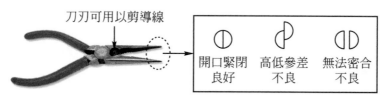

刀刃可用以剪導線

開口緊閉
良好

高低參差
不良

無法密合
不良

(b) 選購要領

圖 4-4-1　尖嘴鉗

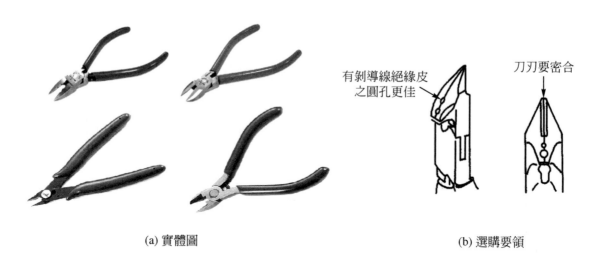

(a) 實體圖

有剝導線絕緣皮
之圓孔更佳

刀刃要密合

(b) 選購要領

圖 4-1-2　斜口鉗

3. **起子**

起子為鬆緊螺絲之必備工具。可概分為平口(一字)起子及十字起子兩種，如圖 4-1-3。

起子的大小及型式必須配合螺絲溝槽之大小及型式而選用。為防損壞，不可將起子兼用其他用途(例如拿來撬東西)。

市面上有成套出售的起子，稱為起子組，若花數 10 元購買一套 9 支裝的驗電起子組，即可應付一般的需求。

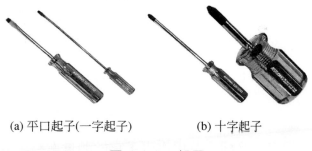

(a) 平口起子(一字起子)　　　　　(b) 十字起子

圖 4-1-3　起子

4. PC 板切割刀

雖然圖 4-1-4(a)這種手鋸可用以切割金屬或非金屬物質，但若以之切割 PC 板，則初學者常因不熟練而不能保持直線的切鋸。若使用一般的刀子，則因刀鋒過利，無刮削作用，而無法切割 PC 板。要切割 PC 板，必須使用特製的刮刀，如圖 4-1-4(b)般刮削。

此種特殊工具(刮刀)並無現成的市售品可供購買，必須自製。找一段已斷的廢鋸片，利用砂輪機(家裡若沒有，可向附近的工廠或學校借用)磨成圖 4-1-4(c)之形式即成。此種刮刀不但切割 PC 板非常迅速平整，若用來切割壓克力這類硬質的塑膠板，也是無往不利。

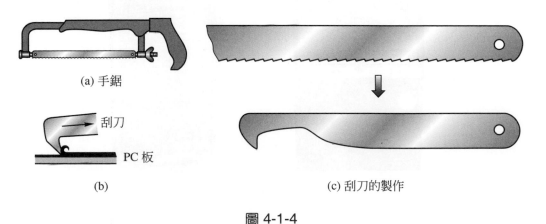

(a) 手鋸

刮刀

PC 板

(b)

(c) 刮刀的製作

圖 4-1-4

使用刮刀時，必須沿著直尺(或木條)如圖 4-1-5 所示，在 PC 板上重複刮數次，使刮痕深入 PC 板厚度的三分之二以上後，把 PC 板輕輕一折即斷。

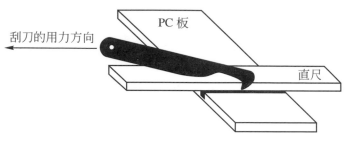

刮刀的用力方向

PC 板

直尺

圖 4-1-5　PC 板的切割

5. 三用電表

三用電表簡稱三用表，又稱爲萬用電表，它能測量電路中的三大要素－電壓、電流、電阻，是一種非常有用的裝置。

雖然三用電表的用途極廣，但卻非笨重的儀器，而是一部非常輕巧，方便於隨身攜帶使用的裝置。成爲初學者至高級技術人員們不可或缺的必備工具。

市售三用電表的型式繁多，以往以日製品居多，近年來因爲本省的電表製造業已大爲發展，因此國產品如雨後春筍般大量推出市場，價格頗爲相宜。

三用電表的外型如圖 4-1-6 所示。無論你買的是哪一國的產品，是哪一種型式，一定附有使用說明書，買回來後一定要仔細的閱讀說明書，以期能將其功能發揮的淋漓盡致。

圖 4-1-6　最常見的三用電表

有關三用電表在電子電路中的測試、檢修上之應用，本書的"實作篇"中會有說明。如果讀者諸君希望對三用電表有更進一步的了解，可參考拙編"實用家庭電器修護"及"最新三用電表"。

4-2　你最好也擁有的設備

1. **免銲萬用電路板(麵包板)**

若你想裝製電路，簡單的電路只要到電子材料行買現成的萬用電路板來銲製即可，複雜的電路則需洗 PC 板來銲製。不過，假如你只想作電路實驗，實驗完後就把零件拆掉，而不想製作成品，則筆者建議你購買一塊如圖 4-2-1 所示之"免銲萬用電路板"(俗稱麵包板)，它可以讓你在短時間內完成電路實驗，不需銲接，只要把零件插上即可，甚為方便。

■ 使用範圍：
電阻器、電容器、二極體、電晶體、積體電路、0.25～0.7mm 導線均可使用

■ 使用方法：
本板只要插上您所構想的電路零件，接通電源，即可順利完成您的設計工作

圖 4-2-1　免銲萬用電路板(麵包板)

使用免銲萬用電路板做電路實驗，特別方便，IC、電晶體、電阻器、電容器…等電子零件只要往上一插即可，不必銲接，圖 4-2-2 即為免銲萬用電路板之使用例。

免銲萬用電路板的內部是由一些長條形的磷青銅片組成，各插孔的連接情形如圖 4-2-3 所示。水平線是 25 個插孔為一組，可將這 25 個插孔視為電路中的同一點，通常被用來做為電源線或接地共同點之用。垂直線是每 5 個插孔為一組，可將這 5 個插孔視為電路中的同一點。各插孔組之間，你可視需要而使用 0.6mm 之單心線加以連接組合起來。

使用免銲萬用電路板時應避免將過粗的導線或過粗之零件腳插進免銲萬用電路板，零件腳或導線在插進免銲萬用電路板之前亦應先用尖嘴鉗將其弄直，否則插孔容易鬆弛而造成接觸不良的毛病。使用要領如圖 4-2-4 所示。

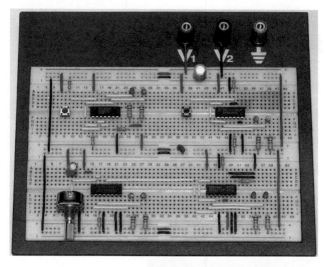

圖 4-2-2　免銲萬用電路板之使用例

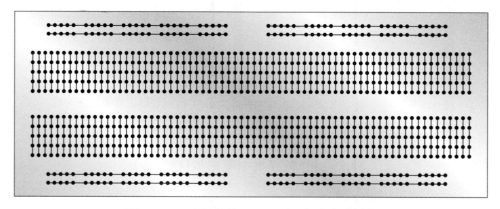

圖 4-2-3　免銲萬用電路板之內部結構

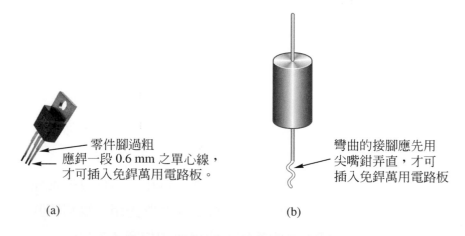

零件腳過粗
應銲一段 0.6 mm 之單心線，
才可插入免銲萬用電路板。

彎曲的接腳應先用
尖嘴鉗弄直，才可
插入免銲萬用電路板

(a)　　　　　　　　　　　　　　　　(b)

圖 4-2-4　免銲萬用電路板之使用要領

2. 電源供應器

電源供應器就是將電力公司供應的交流電源轉變成直流電，以供應電子電路所需的直流電源之裝置。

電源供應器能夠供給穩定的直流電壓，故一般實驗室都有此裝置。雖然裝製或購買電源供應器的初期投資，比使用乾電池供電高，但以長期工作而言，使用電源供應器卻較為經濟。圖 4-2-5 所示，即為一些市售電源供應器之外型。

圖 4-2-5　電源供應器

本書的實作篇中有電源供源器之製作，奉勸讀者諸君最好製作一台，以供電子電路實驗之需求。

你將來若要作更深入的研究，則一些價昂的儀器－例如：示波器、函數信號產生器等均需具備，但這些儀器均非初學者所需，故本書不加以介紹。

3. 吸錫器

當 PC 板上有故障的零件時，必須先把零件接腳上的銲錫去除，才能更換零件。常見初學者在用烙鐵把零件腳加熱，使銲錫熔化後，拿起 PC 板在桌面上猛敲讓銲錫脫離零件的接腳和 PC 板，這種方法雖然可以除掉銲錫，但極可能因為銲錫亂噴而傷到人體，所以是錯誤的方法。

正確的除錫方法是用電烙鐵把零件腳加熱，使銲錫熔化後，以圖 4-2-6 所示之吸錫器把熔化的銲錫吸乾淨，所以建議你購買一隻吸錫器備用。

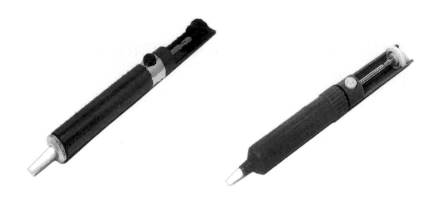

圖 4-2-6　吸錫器

實作篇

　　本實作篇以實作技術為主，以相關理論為輔。除非你連電烙鐵都懶得拿，否則……你定然有能力完成本書中的所有製作。

　　本實作篇的每一個電路，初學者一定要親手作過，不要只用眼睛把本書中的每一頁看過。在實作中，你才會發現問題，才有機會克服困難。唯有如此，你的技術才會進步。要知道，技術是經驗的累積；一個把理論背得滾瓜爛熟但卻從未動過手的人，將無法跨入電子技術的大門。

　　最後，以「成功是血汗的果實，失敗是寶貴的經驗」與讀者諸君共勉。

電源供應器

為了方便電源的取得，本書之各電路大多設計成以 9 伏特電源工作。雖然一般電晶體電路所消耗之功率並不很大，可以使用乾電池供電，然而以長期用電而言，使用乾電池並不經濟，因此一般的技術人員均喜好設法由電力公司供應的 AC 110V 家庭用電取得電子電路所需之直流電源。

用以將交流電源轉變成直流電源的裝置，稱為電源供應器。電源供應器除了電費較廉外，還有一個很重要的優點—輸出電壓固定不變，供應電流的能力亦充足。乾電池則不但長期的使用不划算，而且在使用一段時間以後，供應電流的能力會降低，輸出電壓也會逐漸減小，故較不適於作實驗室的電源(雖然乾電池有上述缺點，但是因為它的體積小巧，使用容易，因此一些便攜式的電子設備還是使用乾電池作電源)。

電源供應器一共有三種型式：

(1) 簡單型電源供應器—由變壓器、整流器及濾波電容器組成。

(2) 穩壓電源供應器—由簡單型電源供應器再加上穩壓電路而成。

(3) 可調式穩壓電源供應器—也是穩壓電源供應器的一種，但其輸出電壓可在某一特定範圍內，隨需要而自由改變。

　　這三種電源供應器，本書中均將述及。本 "製作一" 先介紹第(1)、第(2)兩種型式的電源供應器，以供初學者作實驗之用。若要更廣泛的作各種電路實驗，本書稍後會介紹一種 0～30V 可調式穩壓電源供應器。

1-1　電路簡介

　　於此先介紹能產生 9V 的穩壓電源供應器，以便作為本書中大部份電路之電源。

　　電路如圖 1-1 所示。電源變壓器 PT-12 擔任把 AC 110V 的電壓降至 AC 12V 之任務。AC 12V 經過 D_1～D_4 之橋式整流後成為直流電，但是此直流電之脈動性極大，因此不適合作為電子電路之電源。經過 C_1 濾波以後成為脈動較小的直流電，雖然不是很平穩的直流，但已可作為一般電子電路之電源。此脈動極小之直流再經過 TR_1、TR_2、TR_3、ZD、R_2、R_3 組成之穩壓電路後，即成為極優良之直流電源，其性能甚優於乾電池。詳見圖 1-2。

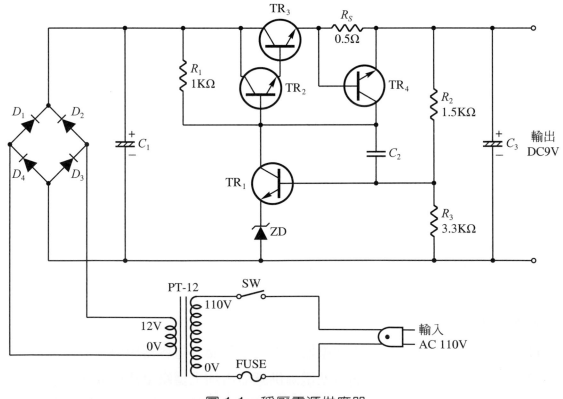

圖 1-1　穩壓電源供應器

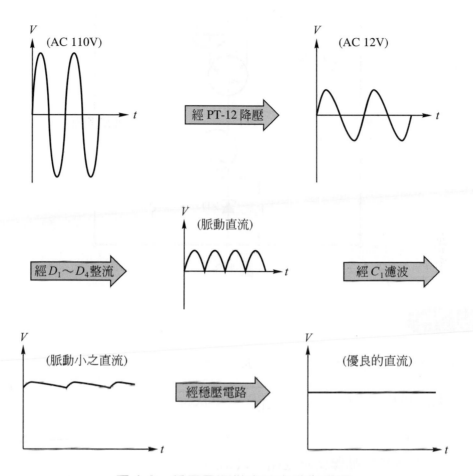

圖 1-2　穩壓電源供應器之動作原理

在本電路中，TR_2 與 TR_3 組成達靈頓電路，而 TR_3 係採用大功率電晶體，因此允許供應大電流至負載。

本電路之穩定輸出電壓 V_O 是由稽納二極體(Zener Diode，ZD)與 R_2、R_3 決定。由圖 1-3 之簡圖，我們可以得知

$$V_O \times \frac{R_3}{R_2 + R_3} = V_Z + V_{BE}$$

整理上式得

$$V_O = (V_Z + V_{BE}) \times \frac{R_2 + R_3}{R_3}$$

因為 V_Z 及 V_{BE} 是一穩定不變的電壓，因此我們只要改變 R_2 及 R_3 之比值即可改變輸出之穩定電壓 V_O。

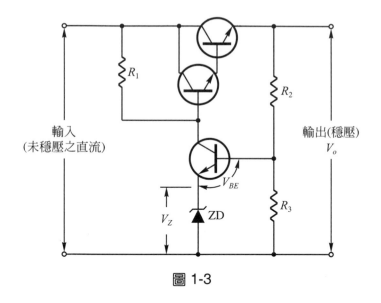

圖 1-3

若採用 $V_Z = 5.6\text{V}$，$V_{BE} = 0.6\text{V}$，$R_2 = 1.5\text{K}\Omega$，$R_3 = 3.3\text{K}\Omega$，則

$$V_O = (5.6\text{V} + 0.6\text{V}) \times \frac{1.5\text{K} + 3.3\text{K}}{3.3\text{K}} = 9 \text{ 伏特}$$

因為圖 1-1 這類電晶體穩壓電路，最怕的就是輸出端因不小心被短路起來，此時通過 TR_3 的電流將甚大而把 TR_3 燒毀。並導致PT-12冒煙，因此我們特別設了 TR_4 作為"限流保護"，TR_4 能自動限制通過 TR_3 的最大輸出電流為大約 $\frac{0.6}{R_S}$ 安培，以保護 TR_3。

現將 TR_4 之動作情形以實例說明，以使讀者諸君明瞭"限流保護"之意義。

情況一

圖 1-1 若接上 $90\ \Omega$ 的負載，則動作情形如何？

解 (a)此時供應至 $90\ \Omega$ 的電流有 $\frac{9\text{V}}{90\Omega} = 0.1\text{A}$

(b)因為 $0.1\text{A} \times R_S = 0.1\text{A} \times 0.5\Omega = 0.05$ 伏特，此電壓尚不足 0.5 伏特，故 TR_4 完全截止，不動作。

情況二

圖 1-1 若接上 3Ω的負載。則動作情形如何？

解 (a)若沒有 TR$_4$ 作限流保護，則：供應至負載之電流 $= \dfrac{9\text{V}}{3\Omega} = 3\text{A}$，$D_1 \sim D_4$ 將燒燬，短時間後 PT-12 跟著冒煙燒燬。

(b)因為本電路設有 TR$_4$ 作限流保護，故輸出電流只要達到 1.2A，則 1.2A × R_S = 1.2A × 0.5Ω = 0.6 伏特，將令 TR$_4$ 進入導通狀態，故由 R_1 供應的電流將大部份被 TR$_4$ 旁路掉，以致進入 TR$_2$ 基極的電流 I_B 大量減少，使輸出電流維持在 1.2A 的最大極限，而無法增至 3A，如圖 1-4。

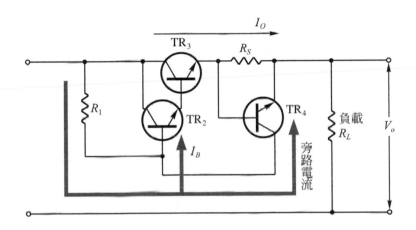

圖 1-4　限流保護的動作原理

(c)此時因為負載電阻 R_L = 3Ω，I_O = 1.2A，故輸出電壓自動降至 3 Ω × 1.2 A = 3.6 V。由此可見限流保護開始動作時，輸出電壓會自動降低，以保證 $I_O \leq 1.2$A，此時穩壓電路失效，V_O 不再是穩定的 9 伏特。(說明：本機在正常使用中，由於限流保護不動作，故穩壓電路可維持輸出電壓 V_O 穩定在 9 伏特。)

情況三

圖 1-1 若輸出端不小心短路,則動作情形如何?

解 (a)若沒有 TR_4 限流保護電路,則供應至短路線之電流 $= \dfrac{9\,V}{極小} = $ 非常大,不但電晶體 TR_3 會立即燒燬,二極體或變壓器也會受損。(註:短路時,理論上 $R_L = 0\,\Omega$,但實際上導線都有些許電阻存在,故在計算中以"$R_L = $ 極小"表示。)

(b)因為本電路設有限流保護,故短路電流被限制在 1.2A,此時之輸出電壓自動降為 1.2A×極小 = 0 伏特。

綜觀以上各種情況,可知本機之特性曲線,如圖 1-5 所示。正常的運用範圍是負載電流小於 1 安培。

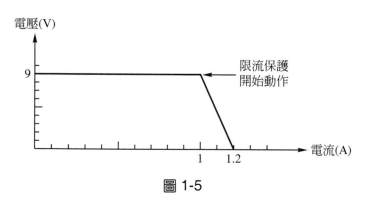

圖 1-5

致於圖 1-1 中之 C_2 是為了抑制高頻振盪而設。C_3 則用以降低本機之輸出阻抗。

 1-2 零件之選購、測試

0. **材料表**

圖 1-1 的詳細材料表,請見第 303 頁。

1. **電阻器**

(1) 規格如下:

$$R_1 = 1\,K\Omega\ \frac{1}{2}W \qquad R_2 = 1.5\,K\Omega\ \frac{1}{4}W$$

$$R_3 = 3.3\,\text{K}\Omega\ \frac{1}{4}\text{W} \quad R_S = 0.5\Omega\ 1\text{W}$$

(2) $R_S = 0.5\Omega\ 1\text{W}$ 的電阻器，若因當地電子材料行之規模過小，以致無法購得，可以購買兩個 $1\Omega\ \frac{1}{2}\text{W}$ 的電阻器並聯起來使用。

(3) 若當地電子材料行規模過小，沒有出售 $\frac{1}{4}\text{W}$ 的電阻器，則 R_2 及 R_3 可改用 $\frac{1}{2}\text{W}$ 者。

(4) 各電阻器必須以三用電表的Ω檔測試，以確定電阻值符合所需。

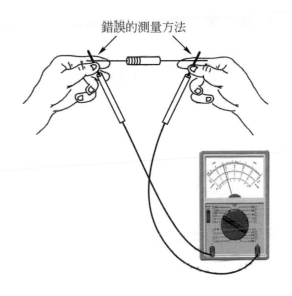

錯誤的測量方法

　① 測試之前三用電表一定要記得先作 0 Ω 調整。(各型三用電表所附之使用說明書均有詳述 0 Ω 調整之方法，於此不再贅述)

　② 使用三用電表測量電子零件或電路時，手必須握在測試棒的絕緣部份，切忌抓在測試棒的金屬部份。圖1-6所示是初學者易犯之錯誤，請特別留意。

圖 1-6　這是錯誤的測量方法

2. 二極體

(1) 整流二極體 $D_1 \sim D_4$ 只要耐壓不小於 50V，電流不小於 1A 者均可使用。可採用易購價廉的 1N4001 二極體。

(2) 二極體需以三用電表 R×1K 檔測量，順向時三用電表的指針會大量偏轉，逆向時三用電表的指針不會動，才是良好品。詳見圖 1-7。

(3) 若如圖 1-7 測量，無論(a)圖或(b)圖指針都大量偏轉，則該二極體的內部有短路故障，不要買。若無論(a)圖或(b)圖，三用電表的指針皆都會動，則該二極體之內部呈現斷路狀態，為不良品，不要購買。

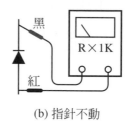

(a) 指針偏轉　　　　　　　　　(b) 指針不動

圖 1-7　二極體之測試

3. 電容器

(1) 規格如下：

$C_1 = 1000\mu F\ 25V$ ；立式

$C_2 = 473$ (即 $0.047\mu F$)

$C_3 = 100\mu F\ 16V$

(2) 電容器均需以三用電表 R×1K 檔測試，以確定沒有短路或斷路之故障，方法如下：

① C_1 及 C_3 均為電解電容器，三用電表的紅、黑測試棒需如圖 1-8(a)所示測試。當測試棒接觸在電容器的兩隻引線上時，三用電表的指針會向右(即順時針方向)大量偏轉，然後非常緩慢地徐徐往左(即逆時針方向)偏回去(偏回去後指針愈靠近左邊愈佳)。否則為不良品。

② C_2 為塑膠薄膜電容器或陶瓷電容器，其電容量較小，故當三用電表的測試棒接觸到電容器的兩引線之瞬間(紅、黑兩棒隨意對調沒有關係，因為此等電容器沒有極性)，三用電表的指針只會向右偏轉一點點，然後迅即回至最左邊(即∞處)，如圖 1-8(b)。否則為不良品。

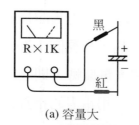
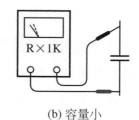

(a) 容量大　　　　　　　　　(b) 容量小

圖 1-8　電容器之測試

4. **電晶體**

(1)　TR_1、TR_2、TR_4 幾乎任何矽質電晶體均可勝任。為了牢靠起見，我們可選用 2N3569 或 2SC1384。外型如圖 1-9。

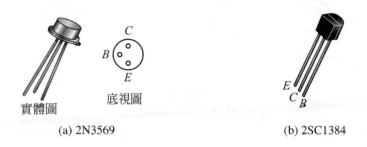

(a) 2N3569　　　　　　　　　　(b) 2SC1384

實體圖　底視圖

圖 1-9

(2)　TR_3 採用最廉宜的大功率電晶體 2N3055。外型如圖 1-10。

2N3055

Vcbo=100V
Ic=15A
P_D=115W

(a) 實體圖　　　　　　　　　　(b) 底視圖

外殼為 C

圖 1-10

(3)　電晶體必須使用三用電表之 R×1K 檔測量其是否良好，方法如下：

①　測試方法如圖 1-11，在圖(a)時三用電表的指針不偏轉，圖(b)時指針大量偏轉者，必能在電路中勝任愉快。

②　說明：如圖 1-11(a)測試時，若三用電表的指針向右偏轉，表示電晶體有漏電，為不良品。圖 1-11(b)時，若三用電表的指針只向右偏轉一點點，表示該電晶體之放大係數 β 甚低，最好不用，否則組成之電路，效果不會很優良。

③　欲測 PNP 電晶體時，只要把圖 1-11 中之紅、黑兩測試棒對調即可。判斷電晶體良否之方法與上述①②兩步驟相同。

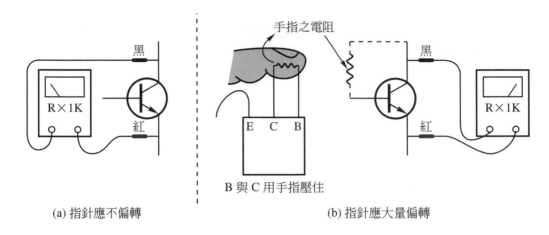

(a) 指針應不偏轉　　　　　　　　(b) 指針應大量偏轉

圖 1-11　電晶體之測試

5. 稽納二極體 ZD

(1) 稽納二極體於本電路是採用 5.6V 250mW 者。

(2) 稽納二極體購買時可依圖 1-7 之方法判斷其是否有短路或斷路之故障。

(3) 欲知稽納二極體之 V_z 值是否符合所需,必須使用輔助電路配合三用電表測之,詳見圖 1-12 (輔助電路之所有零件皆利用本機所需之零件為之,不必添購任何零件)。

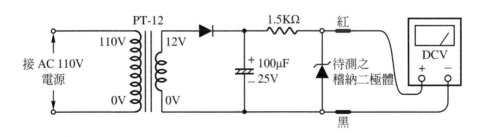

圖 1-12　V_z 值的測量方法

6. 電源變壓器

(1) 本製作是採用 110V:12V 之電源變壓器,編號為 PT-12。

(2) 以三用電表 R×1 檔測之,電阻值應大約如圖 1-13。若電阻值為∞則為內部線圈斷路。

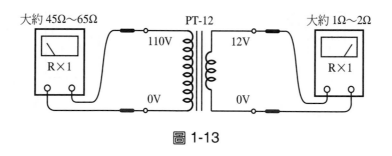

圖 1-13

7. 電源線

(1) 電源線採用最易購得的 AC 125V 6A 者即可。

(2) 電源線必須使用三用電表的電阻檔測之，若電阻值如圖 1-14 所示，方為良好者。

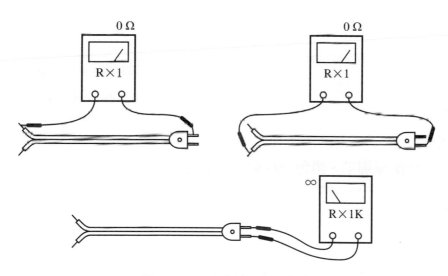

圖 1-14　電源線的測量方法

8. 電源開關 SW

(1) 電源開關可依自己之喜好而選用搖頭開關，滑動式開關或按鈕開關。若將電源開關省略亦可，不過使用上較不方便。

(2) 必須以三用電表R×1檔測之。當開關置於 "ON" 時，接點之電阻應為 0Ω，開關置於 "OFF" 時，接點間之電阻應為∞，如圖 1-15。

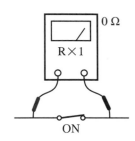
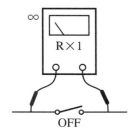

圖 1-15　電源開關之測試

9. 保險絲及保險絲筒

(1) 保險絲係使用 1A 之管狀保險
絲。需購買保險絲筒，以方便
管狀保險絲之安裝。

(2) 管狀保險絲需以三用電表R×1
檔測之，確定無斷掉。正常的
管狀保險絲，應為 0 Ω，如圖
1-16。

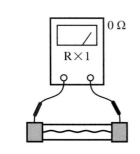

圖 1-16　管狀保險絲之測試

10. 接線端子

需購買紅色接線端子、黑色接線端子各 1 個，以方便電源供應器與負載間之連
接。

11. 散熱片及機箱

(1) 除了上述零件之外，你還必須購買一塊單電晶體用之散熱片，以免 2N3055
在工作中發燙。假如到鋁門窗材料行購買一段鋸剩的廢料來充當散熱片，
將更便宜，但是你就得自己鑽孔，以便安裝 2N3055 了。

(2) 為了堅固、美觀、耐用，最好找一個機箱來用，無論是金屬的、塑膠的都
可以，在機箱上可裝兩個接線端子，以方便直流電之輸出。

1-3　實作技術

1. 穩壓電源供應器之 PC 板設計圖示於圖 1-17 以供參考。

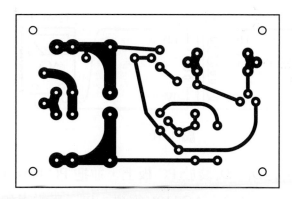

(a) PC 板設計圖

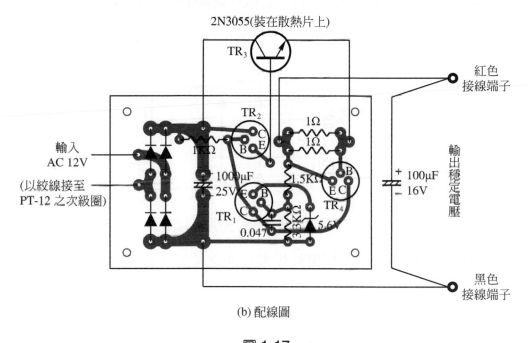

(b) 配線圖

圖 1-17

2. 將 PT-12 的初級圈(110V 那一邊)通上 AC 110V 之電源,然後以三用電表之 ACV 檔測量次級圈之電壓,如圖 1-18,三用電表應指示在大約 AC 12V 左右,否則該變壓器不良。

3. 移走三用電表,讓 PT-12 繼續通電,10 分鐘後拔掉電源插頭,用手摸變壓器,若鐵心很燙,表示變壓器內部有層間短路,不得採用,應該換新。

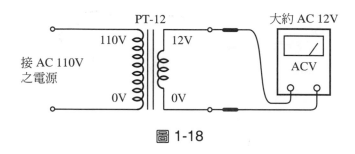

圖 1-18

4. 確定 PT-12 良好後，將 $D_1 \sim D_4$ 裝於 PC 板上，並把 PC 板與 PT-12 次級圈之間的導線接妥。然後把PT-12 接上AC 110V電源，以三用電表如圖 1-19 測量，指針應指示大約 $12 \times 0.9 = 10.8$ 伏特。若指針倒轉(即逆時針方向偏轉)，表示二極體的方向裝反了，立即更正。

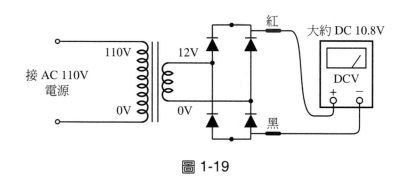

圖 1-19

說明：本製作中，PC板與外界零件間之接線，請全部採用絞線，避免採用單心線。

5. 拔掉 PT-12 之電源，然後把濾波電容器 $C_1 = 1000\mu F$ 裝於 PC 板上。**注意！電容器之 "+" "−" 極性不得反接**，請特別留意。

6. PT-12 再度通電，以三用電表DCV檔測量 C_1 兩端之電壓，應得 $12 \times 1.4 = 16$ 伏特之電壓。

    (1) 若只測得 DC 10.8V 左右，則 C_1 不良。(假如你已確實照圖 1-8(a)之方法檢查過了，則不會發生此項故障。)

    (2) 若測得之 DCV 電壓甚低，顯然你已過分粗心大意，把 C_1 的正負腳反接了。"立即" 拔掉PT-12 之電源(否則不久 C_1 將發熱、膨脹，甚而爆炸)，並把 C_1 之極性改正。

(3)　動作正常後將 AC 110V 電源移走。

7.　將 2N3055 如圖 1-20 所示裝於散熱片上。

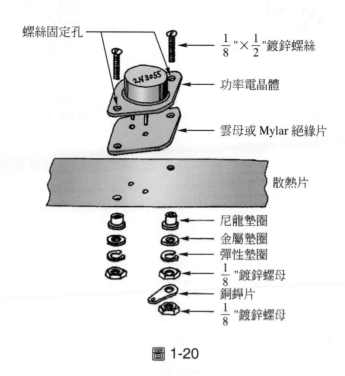

螺絲固定孔

$\frac{1}{8}$ " × $\frac{1}{2}$ "鍍鋅螺絲

功率電晶體

雲母或 Mylar 絕緣片

散熱片

尼龍墊圈
金屬墊圈
彈性墊圈
$\frac{1}{8}$ "鍍鋅螺母
銅鉡片
$\frac{1}{8}$ "鍍鋅螺母

圖 1-20

(1)　若購買鋁板作散熱片而需自己鑽孔，則供 B、E 腳穿過去之孔需足夠大，以免 B、E 腳碰觸在鋁板上而造成短路。

(2)　因為本製作中只有一個功率電晶體需裝在散熱片上，故將絕緣片及尼龍墊圈省去亦無妨。

(3)　圖中之銅鉡片與功率電晶體之外殼相通，所以欲接至 2N3055 的集極之導線，鉡在 "銅鉡片" 上即可。

(4)　若電子材料行規模太小，沒有代售金屬墊圈及彈性墊圈，則裝置時將其省略。但螺母要確實鎖緊。

8.　將稽納二極體 ZD 及 R_1 裝上。並在 PC 板上欲裝 TR_1 的 C、E 腳之銅箔間暫時跨接一條導線，如圖 1-21（此時 TR_1 尚未裝上）。

9.　PT-12 通上 AC 110V 之電源，然後以三用電表 DCV 檔測量 ZD 兩端，應指示 5.6 伏特。若三用電表測得 0.7 伏特左右，則你已將 ZD 反接了，移去 110V 電源後，更正之。

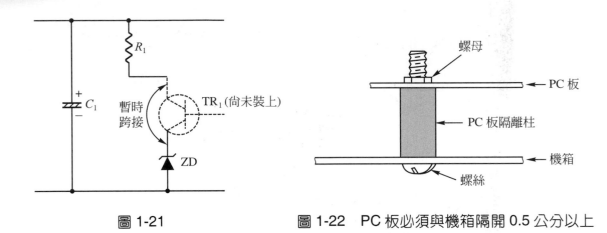

圖 1-21   圖 1-22　PC 板必須與機箱隔開 0.5 公分以上

10. 移去 AC110V 之電源後，把第 8 步驟所暫時跨接上去的那條導線移走，然後把 TR_1、TR_4、C_3 以外之所有零件都裝上。

11. 通上 AC 110V 之電源，並以三用電表DCV 檔測量本電路之輸出電壓(即 R_S 的引線與 C_1 的負極之間的電壓)，三用電表應指示 13 伏特以上，否則接線有誤，需仔細檢查第 10 步驟所裝的這些零件到底在哪裡出了差錯，並更正之。

12. 以一條導線暫時跨接在 TR_2 的基極與 C_1 的負極。此時本電路之輸出電壓應該是 DC 0V，否則請仔細檢查第 10 步驟所裝上之零件到底在哪裡出了差錯，並更正之。

13. 移去 AC 110V 電源，把第 12 步驟暫時跨接上去那條導線移走，然後裝上 TR_1。

14. 把 AC 110V 之電源接上，此時本電路之輸出電壓應為 DC 9V(允許 ±5% 之誤差)，否則 TR_1 的接腳有誤，更正之。

15. 移去電源後把 TR_4 裝上。

16. 再度接上 AC 110V 電源，此時本電路之輸出電壓應與第 14 步驟所測之值相等，否則 TR_4 之接線有誤，需改正。

17. 在機箱上鑽適當的孔，把電源開關、保險絲筒、接線端子等固定好，並把接線配妥。

   若機箱是金屬製品，則不可以把 PC 板直接密貼在機箱上加以固定。必須如圖 1-22 所示，使用 PC 板隔離柱把 PC 板與機箱的金屬板之間 "隔開 0.5 公分以上"，以免 PC 板的銅箔被機箱短路起來。

18. 把 C_3 銲在紅、黑兩接線端子之間(正負極性請特別留意，不得反接)。

19. 只要你細心的把第 17、18 兩步驟作好，那麼這一台 9V 之穩壓電源供應器已大功告成了。

20. 假如你遇到需求 6V 電源之場合，只要把 R_2 用一條導線短路起來，本製作即能供應 6V 之穩定電壓，供你作電路實驗或檢修 6V 的電子電路之用。(何故？請回頭看看圖 1-3 之說明。)

若如圖 1-23 所示，在 R_2 的兩引線並聯一個開關，則可利用此開關切換本機之輸出電壓，開關 "ON" 時輸出 DC 6V，開關 "OFF" 時輸出 DC 9V，使用起來更方便。

1-4　簡單型電源供應器

　　如果你只想裝一個簡單型電源供應器來使用，那麼你可照圖 1-24 之電路裝製。它能夠供應大約 6 V×1.4 = 8.4 伏特之電壓。

　　一般標明 9V 之電路，以 8.4 伏特供電已能正常動作。

1. 所購零件要依圖 1-7、圖 1-8(a)、圖 1-13、圖 1-14 加以測試，確定為良好者。整流二極體採用 1N4001 即可。

2. 先將濾波電容器(1000 μF)除外之零件接妥，然後以三用電表 DCV 檔如圖 1-25 測試。此時應測得大約 6 V×0.9 = 5.4 V 之電壓。若指針倒轉表示二極體的方向裝反了。

3. 移走三用電表後讓變壓器繼續通電 10 分鐘，然後拔掉電源插頭，用手摸變壓器，鐵心不應有明顯的溫升，若會燙手表示變壓器品質不良，需更換。

4. 裝上濾波電容器，正負極性請特別留意，不得反接。(註：在第 2 步驟時，三用電表的指針順時針方向偏轉時，紅棒所接的那端即為正。)

5. 通上電源，以三用電表 DCV 檔測量本機之輸出(即電容器兩端之電壓)，應該大約是 6 V×1.4 = 8.4 伏特。若所測得之電壓甚低於 8.4 伏特，那麼，你已經把電容器的正負腳反接了，趕快把電源插頭拔掉，將電容器的正負腳接正確。

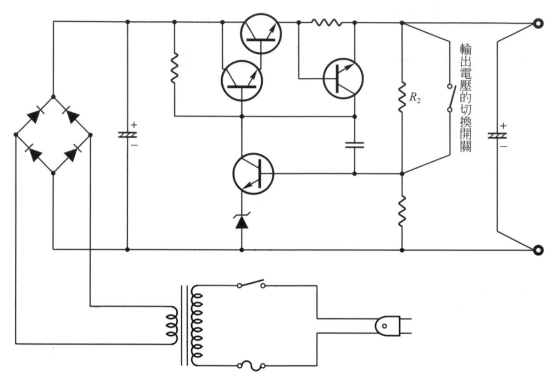

圖 1-23 (本圖係把圖 1-1 加上輸出電壓的切換開關)

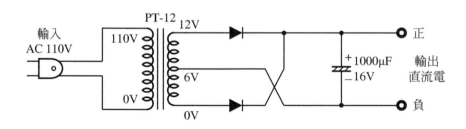

圖 1-24 簡單型電源供應器

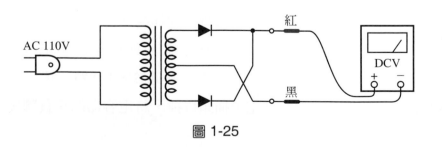

圖 1-25

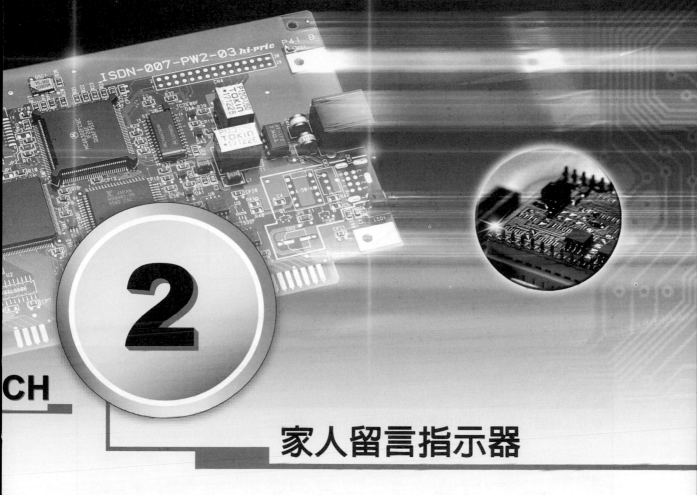

家人留言指示器

當家人在字條或錄音機留言時，你回到家裡是否能很快得知呢？當你外出留言時，家人回到家裡是否知道呢？本製作即能幫你這個忙。當家人留言時，只要把本機通電，置於客廳的桌上，則你一跨進家門，即知有家人留言，而能立即一探究竟。

 ## 2-1　電路簡介

本製作是一個最簡單的基礎電路，其電路如圖 2-1 所示，是一個「無穩態多諧振盪器」。在通電後 TR_1 和 TR_2 會輪流導電，而導致 LED_1 和 LED_2 輪流明滅，其明滅速度之快慢可更改 C_1 及 C_2 而改變之。

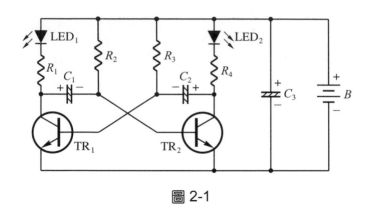

圖 2-1

零件表			
名稱	代號	規格	數量
發光二極體	LED_1及 LED_2	3mm 或 5mm	2
電阻器	R_1及R_4	470Ω $\frac{1}{4}$ W	2
	R_2及R_3	47KΩ $\frac{1}{4}$ W	2
電容器	C_1 及 C_4	10μF 16V	2
	C_3	100μF 16V	1
電晶體	TR_1及 TR_2	2SC1815 或 2SC1384 或 2N3569	2
電源(電池)	B	9 伏特電源	1

 2-2　零件的選購、測試

0. **材料表**

圖 2-1 的詳細材料表，請見第 304 頁。

1. **LED**

(1) 為顯眼起見，LED 以紅色為佳。

(2) 將三用電表撥至 R×10 檔，如圖 2-2 測試，順向偏壓時 LED 會發亮，逆向偏壓時 LED 不亮。

圖 2-2 LED 之測試

2. 電晶體

(1) 本製作所用之電晶體只要是小功率電晶體即可,諸如 2SC1815、2SC1384、2N3569 等皆可。

(2) 若現有的電晶體不是 NPN 的而是 PNP 型的,諸如 2SA1015、2SA684、2N4355 等,則只要將電路中所有「有極性」的零件都反接即可(本要領適用於所有電路)。圖 2-1 若改用 PNP 電晶體,即成圖 2-3 之電路。仔細看看圖 2-3 和圖 2-1 有何不同,日後遇到你的電晶體之型式(PNP 或 NPN)和原電路相反時,如法炮製即可。

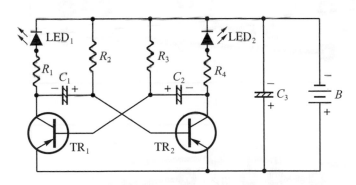

圖 2-3 使用 PNP 電晶體時之電路圖

(3) 要使用三用電表測量,確定電晶體是良好品。(測量的方法請見 138 頁的圖 1-11 之說明)

3. 電容器

(1) 本製作所用的三個電容器都是電解電容器。

(2) 所有電容器需用三用電表的 R×1K 檔測量,確定無不良品。(測量的方法請見 136 頁的圖 1-8 之說明)

4. 電阻器

(1) 電阻器只要購買 1/4W 者即可。若身邊已有大於 1/4W 的電阻器(例如 1/2W 的)，亦可使用，而不必再購買。

(2) 以三用電表測量看看電阻值是否和標示值相近。

2-3 實作技術

1. 本電路的零件很少，所以使用電子材料行出售之"萬用電路板"裝配即可。若你有興趣洗 PC 板，那麼練習設計看看，這個簡單的電路，筆者深信你一定有能力完成 PC 板的設計。圖 2-4 供你參考。

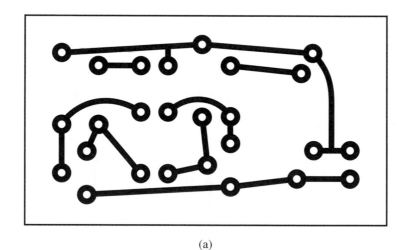

(a)

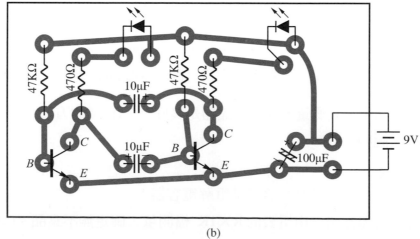

(b)

圖 2-4

2. 將 LED₁ 及 R_1 裝於電路板上，並通上電源，然後在 PC 板上 TR₁ 的 C～E 腳之位置(此時 TR₁ 尚未裝上)，暫時跨接一條導線，使成圖 2-5 之狀態。此時 LED₁ 應發亮，否則你已經把 LED 反接了，馬上更正。

　　試驗完後把暫時跨接上去的那條導線拿掉。

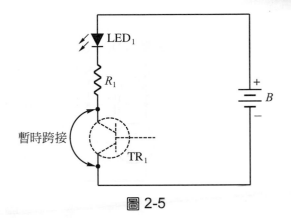

圖 2-5

3. 〔說明〕若使用乾電池作電源，不能以導線直接銲在乾電池上，應該購買 83 頁的圖 1-9-20 (b)所示之電池扣，以方便乾電池之更換。

4. 以第 2 步驟之要領裝好 LED₂ 及 R_4。

5. 裝上 TR₁ 及 TR₂，此時 LED 應都不發亮，否則一定是把電晶體的三隻腳接錯位置了，立即移走電源，找出錯處，加以更正。

6. 裝上 R_2 及 R_3，並通上電源，此時 LED₁ 及 LED₂ 應該都發亮，且亮度與第 2 步驟及第 4 步驟時相同。

　　若 LED₁ (或 LED₂)的亮度比第 2 步驟(或第 4 步驟)暗多了，可能是電晶體的接腳接錯了，先找找看。若電晶體的三隻腳並未錯接，則為電晶體的 β 值過小，換新。

7. 若以上步驟均已正常，則裝上 C_1 及 C_2。注意！極性不能反接。

8. C_1 及 C_2 裝上後 LED₁ 及 LED₂ 應會輪流明滅，否則為電容器銲接不良，重銲。

9. 至此，你的"家人留言指示器"已大功告成了。C_3 是為了降低舊電池的內阻而設，若你以電源供應器供電，C_3 可以省略不裝，否則請將 C_3 裝上。注意！C_3 有極性，不能反接。

10. 若你覺得 LED 的亮度還不夠，可將 R_1 及 R_4 降至 330 Ω 或 220 Ω 以提高 LED 的亮度，但請不要降至 220 Ω 以下，以免 LED 受損。

11. 假如要省去一個LED，可將 LED₁ 或 LED₂ 中的任一個之位置以導線短路，然後省去該位置之 LED。圖 2-6 即為省掉 LED₂ 之電路圖。

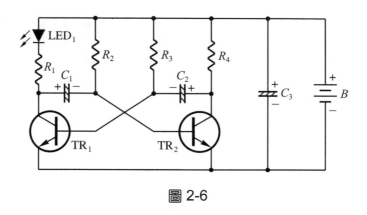

圖 2-6

12. 本製作之其他用途還很多，例如用兩個綠色LED當玩具貓的眼睛，用圖 2-6 作玩具救護車之紅色閃光燈，或使用多個LED串聯起來裝於相框四周(此時 R_1 及 R_4 必須酌量降低)更是多采多姿。

電子節拍器

初學音樂的朋友，一具能穩定的打拍子之節拍器是不能缺少的。然而老式的節拍器是用機械動作打拍子，不但體積大，有上發條的麻煩，而且價格昂貴。本製作之電路精簡，只使用少數的電子零件組成，不但使用方便、體積小、打拍子的速度穩定、聲音宏亮，而且價格非常低廉，實為愛樂者之恩物。

3-1 電路簡介

本製作之電路如圖 3-1 所示，基本結構是一個間歇振盪器，打拍子的速度由 TR_1 的基極所接之 RC 時間常數控制。因為電解電容器 C_1 的誤差為 -10%～$+150\%$，為求製成後打拍子的速度非常精確，所以我們在電路中加入可調電阻器 R_2 以作校準之用。

TR_2 是一個射極隨耦器，有極大的電流放大作用，能使 SP 通過大電流而發出宏亮的節拍聲。

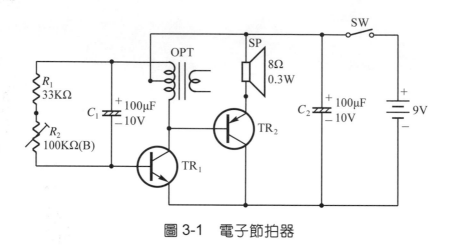

圖 3-1　電子節拍器

3-2　零件的選購、測試

0. **材料表**

圖 3-1 的詳細材料表，請見第 305 頁。

1. **電晶體**

   (1)　TR_1 採用 2N3569 或 2SC1384 皆可。

   (2)　TR_2 採用 2N4355 或 2SA684 皆可。

   (3)　接腳圖請見 324 頁的附錄二。

   (4)　裝置前請用三用電表測試 TR_1 和 TR_2，確定為良好者。

2. **輸出變壓器 OPT**

   (1)　輸出變壓器購買 14mm 的小型產品即可。

   (2)　以三用電表如圖 3-2 所示測量兩隻腳的那一邊，若指示 $0.1\,\Omega \sim 8\,\Omega$ (依廠牌而定)則正常。若測出之電阻是數 $10\,\Omega$ 以上，則你所拿的不是 OPT 而是 IPT，雖然也可勉強用於本製作，但音量會稍受影響，最好換掉。

   (3)　以三用電表測量三隻腳那一邊，中間腳與邊腳之間的電阻應該在 $10\Omega \sim 50\Omega$ 之間(市面上的 14mm OPT 大多在此範圍)，否則不適於本電路，請更換之。

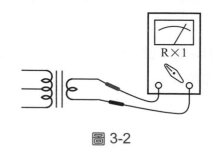

圖 3-2

3. **電阻器**

(1)　電阻器需以三用電表測試其電阻值看看是否與所需相符。

(2)　三用電表撥至 R×1K，測量可調電阻器的兩隻腳，然後一面用起子轉動可調電阻器，一面看三用電表的電阻值指示是否在 0Ω～100kΩ之間平滑變動。若指針一直未動，為接觸不良，需換掉。

4. **電容器**

電容器需用三用電表 R×1K 測試，看看是否有短路、斷路、漏電過大等毛病。(測試方法請見 136 頁的圖 1-8 之說明)

5. **揚聲器 SP**

(1)　SP 購買 8Ω 0.3W 或 0.5W 的小喇叭即可。

(2)　本製作採用最易購得的 8Ω揚聲器，所以使用三用電表 R×1 檔測之，應指示 6Ω～8Ω左右。

(3)　三用電表的測試棒，一枝固定不動，另一枝間斷碰觸，如圖 3-3，則揚聲器應發出「喀！喀！」聲，否則為不良品，不宜採用。

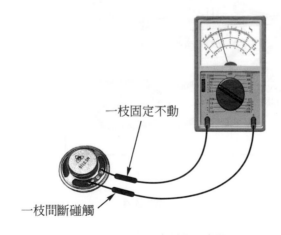

一枝固定不動

一枝間斷碰觸

圖 3-3　揚聲器良否之判斷

6. **電源開關 SW**

(1)　電源開關 SW，可依自己的喜好而選用搖頭式開關、滑動式開關或按鈕開關，將其固定在機箱上。

(2)　以三用電表測試看看電源開關之 ON 及 OFF 作用是否正常。ON 時 SW 接點間之電阻為 0Ω，OFF 時接點間之電阻應為∞Ω。

電子電路實作技術

3-3　實作技術

1. 圖 3-4 為印刷底板設計圖，供你參考。

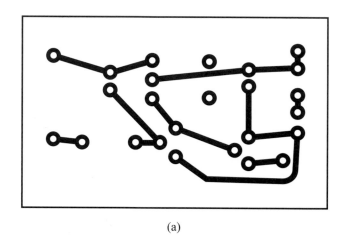

(a)

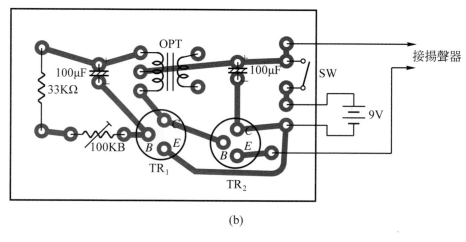

(b)

圖 3-4

2. 將 TR$_2$ 及 SP 除外之所有零件都接好。

3. 詳細檢查一次，確定接線無誤。

4. 接 9V 電源。

5. 把電源開關 SW 置於接通(ON)的位置。以三用電表測 C_2 兩端，應指示 9V 左右，否則為SW內部接觸不良或SW的接腳在PC板上銲接不良，檢查並解決之。

6. 以三用電表的 DC 6V～DC 2.5V 之任一檔(依三用電表的型式而定)測量 TR$_1$ 的 V_{BE}(即 B 極與 E 極間之電壓)，若三用電表的指針不停的左右偏轉，表示 TR$_1$

及所屬零件皆已正常動作，繼續進行第 11 步驟。若指針不會不停的左右偏轉，表示電路不正常，進行第 7～10 步驟的檢修工作。

7. 以三用電表的 DCV 測量 TR_1 的 V_{CE} (C 腳對 E 腳之電壓)，若指示 0V，則為 OPT 的銲接不良，將 PC 板上的三點重銲。

8. 若指示 $V_{CE} \geq 7V$，則 OPT 正常，是 R 或 C 不良。

9. 以三用電表測量 TR_1 的 V_{BE}，若 0.6V～0.8V 則 R_1 及 R_2 皆正常，故障為 C_1 在 PC 板上銲接不良(因為裝置以前，我們已經先做過測試，確定 C_1 為良好品，所以在此處我們可斷定故障為銲接不良而非 C_1 不良)，重新銲好。

10. 若 $V_{BE} = 0$ V 則 R_1 或 R_2 銲接不良，找出，並重銲之。

11. 把 SW 置於 OFF 的位置，然後銲上 TR_2 及 SP。

12. 若第 11 步驟的接線完全正確，則將 SW 置於 ON 的位置後，SP 會穩定的打著拍子。恭喜你，已快大功告成了。

13. 以起子慢慢調整 R_2，使拍子的速度準確。

14. 揚聲器 SP 最好使用一個小盒子(機箱或肥皂盒、餅乾盒……)如圖 3-5(a)裝起來，至少也要拿一塊木板或厚紙板如圖 3-5(b)裝起來，否則揚聲器紙盒的前後空氣之疏密會抵消，而使音量減小。務請留意之(這也就是為什麼音響所用的 SP 皆用喇叭箱裝起來的原因)。

15. 本書以後各製作中所需之揚聲器，請都如圖 3-5 所示裝上盒子。若能購買供「隨身聽」用之揚聲器(連喇叭箱，售價約 100 元以下者)來做實習，效果更佳。

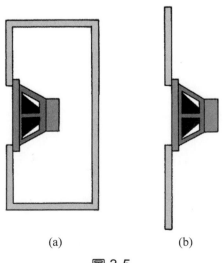

(a)　　　　　　(b)

圖 3-5

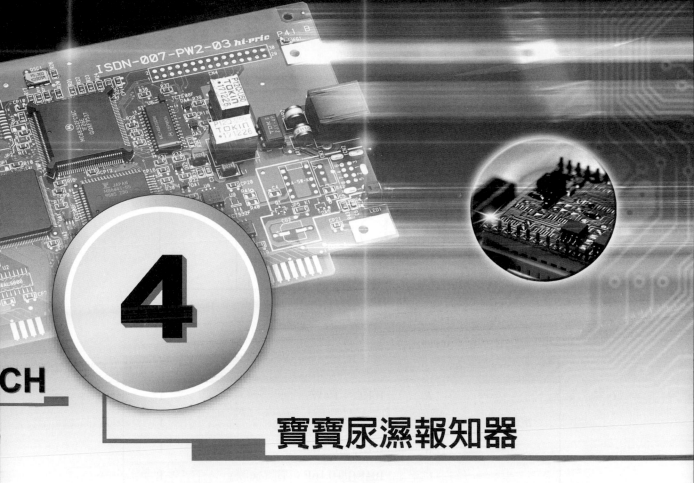

寶寶尿濕報知器

在深夜裡，寶寶尿尿時，作母親的往往因為白天過度勞累而熟睡不醒，等天亮發覺時，小寶寶細嫩的皮膚已浸濕了一夜，因此甚易患尿布疹。那麼，該怎麼辦呢？本製作即為幫助有寶寶的媽媽們解決問題而設計。

此外，本製作尚可作為下雨報知器、水滿報知器、神仙過橋遊戲等。

4-1　電路簡介

本製作之電路如圖 4-1 所示，是一個典型的間歇振盪電路，當Ⓐ Ⓑ兩點間之電阻降低時，電晶體即獲得偏壓而產生振盪，由 SP 發出叫聲。間歇振盪電路之優點為：所需之零件少，而且很容易振盪，只要零件沒有裝錯，不需任何調整即能正常動作。

並聯在乾電池兩端之電容器 C_3 是為降低電池之內阻，延長電池之壽命而設。

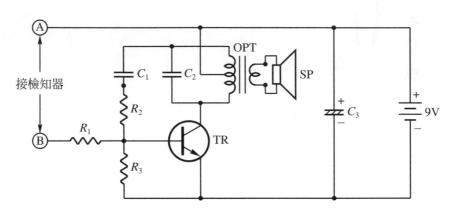

圖 4-1　寶寶尿濕報知器

名稱	代號	規格	數量
電阻器	R_1	10KΩ　1/4W	1
	R_2	1KΩ　1/4W	1
	R_3	10KΩ　1/4W	1
電容器	C_1	104K(即 0.1μF；塑膠薄膜)	1
	C_2	103K(即 0.01μF；塑膠薄膜)	1
	C_3	220μF 16V	1
電晶體	TR	2N3569 或 2SC1384	1
輸出變壓器	OPT	14mm	1
揚聲器	SP	8Ω 0.3W 或 0.5W	1

 ## 4-2　零件的選購、測試

1. 圖 4-1 的詳細材料表，請見第 305 頁。

2. 本機在平時(未動作時)不耗電，故未設電源開關。

3. 參照 3-2 節之要領測試各零件，以確保無不良品。

 ## 4-3　實作技術

1. PC 板之設計圖示於圖 4-2 以供參考。

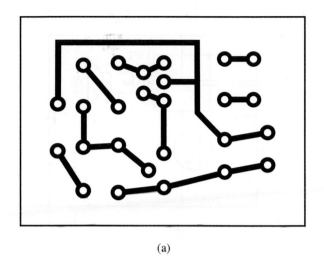

(a)

(b)

圖 4-2

2. 本電路的零件很少，所以不必分段進行，一次將所有零件都裝上即可。但請特別注意，零件不要裝錯位置，C_3 的極性及 TR 的三隻腳都要接正確。

3. 在欲接檢知器之兩點(即圖 4-1 中的Ⓐ Ⓑ兩點)間暫時以一條導線跨接起來。

4. 接上電源，SP 應發出叫聲，否則立即移走電源，照第 5 步驟之方法檢修。

5. 以導線暫時銲在Ⓐ Ⓑ間，並將 9V 之電源串聯一個 330Ω的電阻器接至電路上，如圖 4-3，然後如下述方法找出銲接不良處，重新銲好。

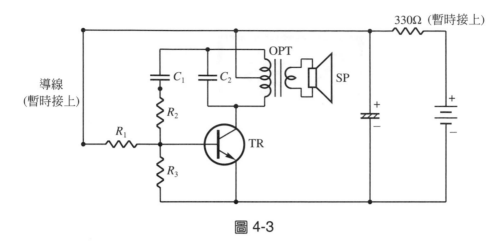

圖 4-3

(1) 以三用電表 DCV 測量 TR 的 V_{BE}(紅棒接基極,黑棒接射極),若三用電表的指針逆時針方向偏轉,則電路動作正常,毛病出在 OPT 的次級圈(兩隻腳那邊)與 SP 銲接不良。若三用電表的指針順時針方向偏轉或指針不偏轉,則繼續依(2)~(4)之方法檢修。

(2) 以三用電表 DCV 測 TR 的 V_{BE},若為 0V 則為 R_1 與 PC 板間銲接不良。若 $V_{BE}=3\sim5V$,則為 TR 之基極或射極與 PC 板間銲接不良。

(3) 以三用電表 DCV 測 OPT 三隻腳那邊的任一隻腳對地(即電池的負端)之電壓,若有任一隻腳是 0V,則為三隻腳之中有銲接不良,將三隻腳都重銲。

(4) 若經上述步驟檢查,並未發現不良處,則毛病為 C_1、R_2 或 TR 之集極銲接不良,重銲。

(5) 經上述方法檢修,使電路正常後,SP 即能發出叫聲,此時需將暫時銲接上去的導線及 330Ω電阻器拆離電路,使電路由圖 4-3 恢復為圖 4-1 之狀態。

6. 檢知器的製作:

(1) 檢知器可使用 PC 板洗成圖 4-4 之型式,再以柔軟的絞線與ⒶⒷ 點連接起來。圖 4-4 這種型式適用於尿濕報知器,下雨報知器、水缸或浴缸的水滿報知器等用途,當檢知器上沾有液體時 SP 即發出叫聲。

圖 4-4

(2) 如以柔軟的導線去除絕緣皮後，排列如圖 4-5，然後夾入兩層棉布(或紗布)的中間，以線縫起來，則柔軟性甚佳，可使嬰兒更舒適。不過此種檢知器的作法較麻煩，而且必須製作 3～4 片備用，以便尿濕時更換，因此市售的尿濕報知器均採用圖 4-4 之型式，尿濕後只要擦乾，馬上又可以使用，不必更換。

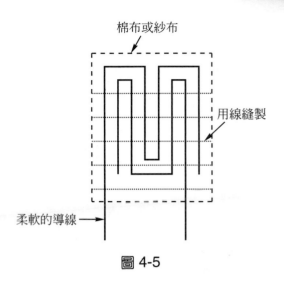

棉布或紗布

用線縫製

柔軟的導線

圖 4-5

(3) 若欲玩神仙過橋遊戲，即可找一段導體(鉛線、鐵線、沒有絕緣皮的銅線……等)，彎成喜愛的圖形，然後再以一段導體彎成圓環備用。圖 4-6 是一個例子，可供參考。遊戲時，圖形及圓環分別以絞線接至Ⓐ Ⓑ兩點，以一隻手持圓環前進，若圓環自圖形之始端一直行進至末端均未互相碰觸，即表示遊戲者之耐性夠，手眼的協調良好。若圓環在前進中碰到圖形，則 SP 會叫，表示不合格。你若時常練習，則考汽車駕照，在體檢時遇到這一關，較易通過。

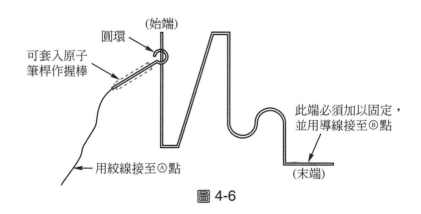

圓環

(始端)

可套入原子筆桿作握棒

此端必須加以固定，並用導線接至Ⓑ點

用絞線接至Ⓐ點

(末端)

圖 4-6

7. 為了使體積小巧並**顧及嬰兒的安全**起見，寶寶尿濕報知器的電源請使用一個 9V 的**乾電池**供應，而不要使用電源供應器作電源。

8. 若將 C_1 的容量增大，則 SP 發出之叫聲較低沉，假如把 C_1 的容量減小，SP 會發出較尖銳的叫聲，可依自己之愛好而變更之。

電子鳥鳴器

電子鳥鳴器是利用電子電路發出類似鳥鳴的聲音。可作為門鈴使用。本製作將介紹直流電子小鳥及交流鳥聲門鈴，零件容易購得，極適合業餘者製作。

 5-1 直流電子小鳥

☐ 5-1-1 電路簡介

直流電子小鳥的電路如圖 5-1，基本結構是一個間歇振盪器。

電晶體 TR 與 OPT、C_1、R_3、R_1 等零件組成一個典型的間歇振盪器。然後利用 C_2 修整波形。

間歇振盪器的優點是所需的零件少而輸出強，只要電路沒有裝錯，絕對可以振盪，成功率可達百分之百。

R_2 與 C_3 加於電晶體的 B～E 極間，是利用其充放電之特性使電晶體的偏壓忽高忽低，使間歇振盪器的振盪強度忽強忽弱而發出類似鳥叫的聲音。

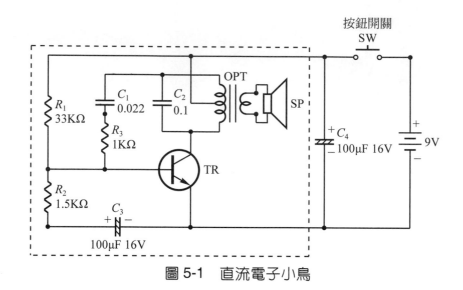

圖 5-1　直流電子小鳥

5-1-2　零件的選購、測試

0.　材料表

圖 5-1 的詳細材料表，請見第 306 頁。

1.　電阻器

(1)　所有電阻器均採購 1/4W，±5% 者。

(2)　所有電阻器均需以三用電表測試，確定電阻值與所需相符。

2.　電容器

(1)　為求叫聲逼真，C_1 及 C_2 全部採用塑膠薄膜電容器，C_1 為 223K (即 0.022μF)，C_2 為 104K(即 0.1μF)，需以三用電表 R×1K 檔測試，確定沒有短路。C_3 及 C_4 為電解電容器，需以三用電表 R×1K 檔測試，確認無短路及斷路。

3.　電晶體 TR

(1)　為求牢靠，電晶體採用 2N3569 或 2SC1384。

(2)　需使用三用電表測試，確定為良好品。

4.　輸出變壓器 OPT

(1)　輸出變壓器採用 14mm 的電晶體電路用小型品。600Ω：8Ω。

(2)　使用三用電表 R×1 檔測試，確定每一線圈(初級線圈及次級線圈)都沒有斷路或短路，而且兩隻腳的那邊之電阻值為 0.1Ω～8Ω。

5. **按鈕開關 SW**

    (1)　使用「平時接點不通，按下時接點接通」之型式。

    (2)　按鈕開關需用三用電表的 R×1 檔測試，確定接點並無接觸不良之現象。

6. **揚聲器 SP**

    (1)　揚聲器採用 8Ω 0.3W 或 0.5W 者皆可。

▢ 5-1-3　實作技術

1. PC 板設計圖示於圖 5-2 以供參考。

2. 按鈕開關 SW、輸出變壓器 OPT、電晶體 TR、揚聲器 SP 及 R_1、C_1、R_3、C_4 都接上。並細查一遍，確保接線無誤。

3. 接上 9V 電源(正負極性要正確)，並按下 SW，此時 SP 應發出「嗶……」之聲音。

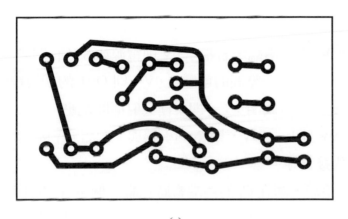

(a)

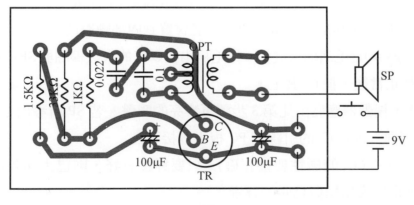

(b)

圖 5-2

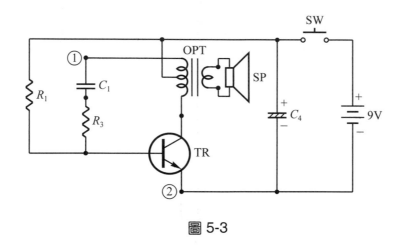

圖 5-3

4. 若SP不發出聲音,如下述步驟依序檢查(每當使用三用電表DCV測量電壓時,需把 SW 壓下)。

(1) 參照圖 5-3 檢修。

(2) 以三用電表 DCV 測 C_4 兩端,若指示 0V 則電源或 SW 有問題。

(3) 若 TR 的 $V_{CE} = 0$ V 或①②點間的電壓為 0V,則 OPT 的初級線圈那三隻腳與 PC 板間銲接不良。(說明:V_{CE} 即集極與射極間電壓)

(4) 若 TR 的 $V_{CE} = 9$V 且 $V_{BE} = 0$V,則 R_1 的引線與 PC 板間銲接不良。重銲。

(5) 確定 C_1 及 R_3 銲接良好。

(6) 若無(2)～(5)之毛病,請在 C_1 的兩端暫時並聯一個電容器(此時 0.1μF 的電容器還未派上用場,可暫時用來並聯在 C_1 兩端),此時若壓下 SW 時 SP 發出振盪聲(嘟……),則可確定為 C_1 斷路(因為 C_1 容量小,無法以三用電表 R×1K 測知其是否斷路,故有可能會買到內部斷路的不良品),需換新。

(7) 若(2)～(6)之毛病均未發生,則毛病出在OPT的次級線圈與SP間接線不良。

5. 第 3 步驟正常後,把 C_2 裝上。

6. 按下 SW,揚聲器應發出比第 3 步驟更響亮的叫聲。若 SP 所發出之聲音與第 3 步驟時相同,則為 C_2 的引線在 PC 板上銲接不良。

7. 接上 R_2 及 C_3 (C_3 的極性要接正確)。只要銲接良好,則已大功告成矣。按下 SW,SP 即能發出類似鳥叫的聲音。

8. 若欲使 SW 跳起後鳥聲逐漸轉弱,而非很快停止,則可將 C_4 增大至 1000μF。

9. 你若要作爲門鈴使用，以使用交流電源較經濟。只要再添加少許零件即可製成交流鳥聲門鈴。

5-2　交流鳥聲門鈴

5-2-1　電路簡介

1. 交流鳥聲門鈴的電路如圖 5-4。虛線方框內之部份與圖 5-1 的虛線方框內之部份完全相同，只不過不再使用直流電源，而採用交流 110 伏特的家庭用電。

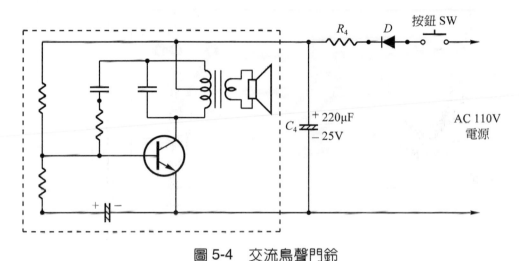

圖 5-4　交流鳥聲門鈴

2. 二極體 D 是擔任整流的作用，將交流電變成直流電。

3. R_4 是降壓電阻器，降掉大部份的電壓，以免 C_4 兩端的電壓過高，而把電晶體燒掉。

5-2-2　零件的選購、測試

1. 虛線方框內之零件與圖 5-1 完全相同。

　　圖 5-4 的詳細材料表，請見第 307 頁。

2. 電源部份的零件如下：

　　(1)　二極體 D 採用 1N4003～1N4007 任一編號皆可。使用三用電表的 R×1K 檔測試，順向時三用電表的指針會大爲偏轉，逆向時三用電表的指針應該

「完全不動」。(請注意！用三用電表的電阻檔測量東西時，兩手不能接觸該被測物之兩端，否則所測之值不準。)

(2)　電容器 C_4 採用 220μF 25V 者。需用三用電表測試，確定非不良品。

(3)　R_4 採用 1K～1.5KΩ 1W 的電阻器，但若貴地的電子材料行規模太小，以致買不到 1W 的電阻器，可購買兩個 2.2KΩ 1/2W 的電阻器並聯起來應用。

5-2-3　實作技術

1.　PC 板設計圖示於圖 5-5，以供參考。

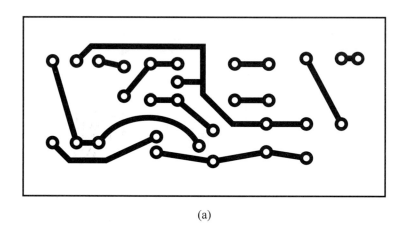

(a)

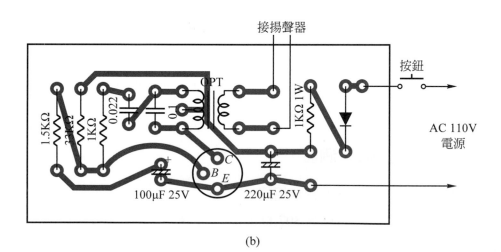

(b)

圖 5-5

2. 以 DC 9V 電源加在 C_4 兩端(正負極性與 C_4 相同)，依照 5-1-3 節實作技術之第 1 至第 7 步驟，將圖 5-4 虛線方框內之部份裝製完成。

3. 方框內之部份已動作正常後，裝上 R_4、D 及按鈕。本機已完成。

4. 在欲接 AC 110V 電源的那兩條引線間接上 9V 的直流電源，如圖 5-6。

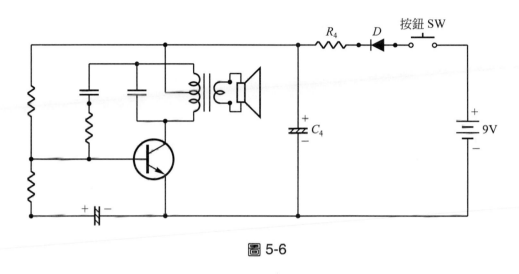

圖 5-6

5. 按下 SW，SP 應發出鳥叫聲。

  (1)　若 SP 沒有發出鳥叫聲，則應細查二極體 D 是否接反了，R_4 及 D 是否銲接不良，SW 是否接觸不良。

  (2)　若 SP 發聲正常，則移走 9V 電源而改接 AC 110V 的電源。此時若按下 SW 則 SP 會發出極響亮的鳥鳴聲。本機已大功告成，恭喜你。

6. 一定要依照上述步驟依次完成。若零件購齊後即不管三七二十一的一次全部裝上，而接 AC 110V 的電源試驗，運氣好的會正常動作，不過，萬一出了差錯，則零件會燒的面目全非，損失慘重，宜慎行之。

電子琴

由於音樂風氣之普及，各位讀者的家裡可能都已經有口琴、吉他、小提琴、鋼琴……等等樂器。不過，親手裝置一台電子琴來演奏演奏，也是蠻有意思的。

本機雖然是迷你型的，但 do、re、mi、fa、so、la、si 的高中低音俱全，可供演奏不少的樂曲。若家中有小孩子，更可作為優良的玩具。

普通樂器都是靠著金屬片(或線)的長短，粗細之不同，來發出不同頻率的聲音，本電子琴則由振盪電路產生不同頻率的信號，經由放大電路放大後，由揚聲器發出聲音。

 6-1　電路簡介

本製作之電路如圖 6-1，係由間歇振盪電路與達靈頓電路組合而成。

TR_1 及所屬零件 $R_1 \sim R_{22}$、C_1、OPT 等組成一個典型的間歇振盪電路，其振盪頻率依 C_1 及 $R_1 \sim R_{22}$ 之數值而定。因此當演奏棒接觸到不同的電阻時即能產生不同的頻率輸出。C_2 用以修正音色。

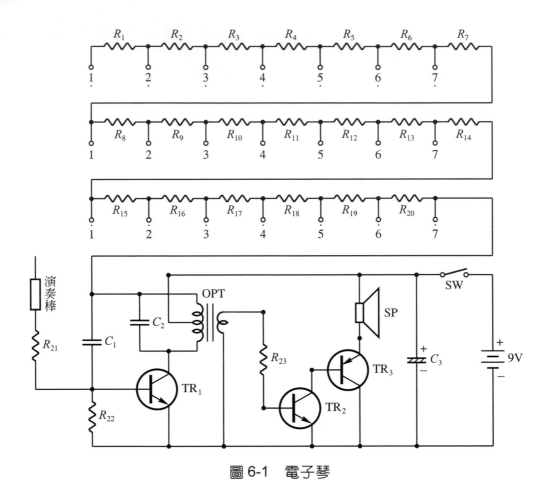

圖 6-1　電子琴

　　TR$_2$ 及 TR$_3$ 組成高度電流放大作用之達靈頓放大電路，將 OPT 輸出之信號放大，然後由 SP 輸出。

6-2　零件的選購、測試

0. 材料表

圖 6-1 的詳細材料表，請見第 308 頁。

1. 電阻器

(1)　為了避免過度荒腔走調，電阻器最好全部採用誤差 ±5% 者，避免使用 ±10% 的電阻器。瓦特數則 1/4W 已夠用。

(2)　各電阻值如下：

$R_1 = 47K\Omega$	$R_9 = 16K\Omega$	$R_{17} = 3.9K\Omega$
$R_2 = 39K\Omega$	$R_{10} = 9.1K\Omega$	$R_{18} = 5.6K\Omega$
$R_3 = 15K\Omega$	$R_{11} = 20K\Omega$	$R_{19} = 4.3K\Omega$
$R_4 = 33K\Omega$	$R_{12} = 9.1K\Omega$	$R_{20} = 3.3K\Omega$
$R_5 = 39K\Omega$	$R_{13} = 9.1K\Omega$	$R_{21} = 30K\Omega$
$R_6 = 24K\Omega$	$R_{14} = 5.1K\Omega$	$R_{22} = 47K\Omega$
$R_7 = 12K\Omega$	$R_{15} = 6.8K\Omega$	$R_{23} = 330\Omega$
$R_8 = 24K\Omega$	$R_{16} = 6.8K\Omega$	

(3)　各電阻器均需以三用電表測量，確定電阻值符合所需。

2. 電容器

(1)　為求誤差小，C_1 及 C_2 均採用塑膠薄膜電容器(誤差為 J 或 K 者均可)。

　　$C_1 = 104K(即\,0.1\mu F)$ 並聯 $473K(即\,0.047\mu F)$

　　$C_2 = 473K(即\,0.047\mu F)$

(2)　以三用電表 R×1K 檔測量以上三個電容器，指針應會稍向右偏轉，然後迅速退回最左邊。

(3)　C_3 為電解電容器，採用 $220\mu F\,16V$ 者。

(4)　C_3 以三用電表 R×1K 檔測量，指針應向右大為偏轉，然後慢慢往左退回左邊(指針應該停在 $1M\Omega$ 以上之位置)。

3. 輸出變壓器

(1)　OPT 採用一般電晶體電路用之 14mm 小型品即可。

(2)　以三用電表 R×1 檔測之，兩隻腳那邊的電阻值應為 $0.1\Omega\sim8\Omega$，三隻腳那邊則應為 $10\Omega\sim50\Omega$。

4. 電晶體

(1)　TR_1 及 TR_2 可採用 2N3569 或 2SC1384。

(2)　TR_3 可採用 2N4355 或 2SA684。

(3)　以三用電表 R×1K 測試，以確保特性良好。

5. **揚聲器 SP**

    (1) 使用 8Ω者。瓦特數則採用 0.3W、0.5W、1W、2W 等皆可。

    (2) 以三用電表R×1 檔測之，應發出喀喀聲，並指示 6Ω～8Ω。

6. **電源開關 SW**

    (1) 因為未演奏時，電路完全不耗電，所以若將 SW 省略，亦無礙。

    (2) 若欲採用 SW，則需以三用電表R×1 檔測量，確定無接觸不良。

7. **演奏棒**

    為了製作上的方便，演奏棒採用 "香蕉插頭" 即可。(註：需準備一段絞線，以供連接。)

6-3 實作技術

1. PC板設計圖示於圖 6-2 以供參考。圖 6-2(c)是作鍵盤用之PC板，一共有 21 鍵，因為篇幅之限制，無法把 21 鍵全部繪出，僅繪出頭尾之部份，而將中間部份省略，讀者洗 PC 板時需自行補足 21 鍵。

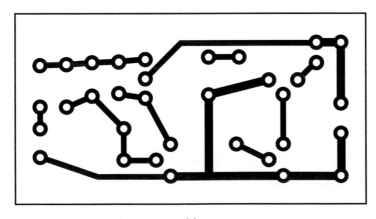

(a)

圖 6-2

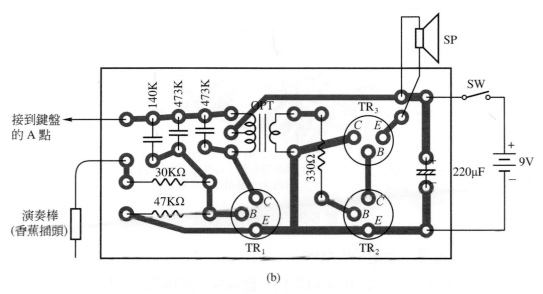

(b)

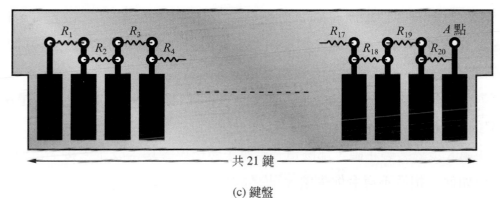

(c) 鍵盤

圖 6-2　(續)

2. 因為銅箔在一段時日以後表面會形成一層氧化膜，使演奏棒與鍵盤之銅箔接觸不良，而發出混濁的聲音，所以必須如圖 6-3 所示在鍵盤的銅箔上鍍上一層錫，以確保經過長期使用後音色還是很優美。

3. 將 $R_1 \sim R_{20}$ 依序銲於作鍵盤用之 PC 板上。次序一定要正確，否則演奏出來的樂曲會亂七八糟。

4. 裝上 TR_1、C_1、C_2、C_3、OPT、R_{21} 及 R_{22}。裝完後再仔細檢查一次，確定零件未裝錯位置，電晶體的接腳亦無裝錯。

5. 將圖 6-2(b)與圖 6-2(c)的 A 點以絞線連接起來。並用一段絞線把香蕉插頭接至 PC 板。

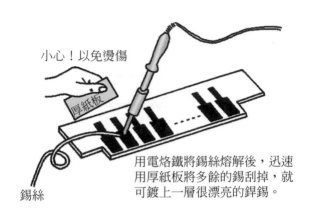

小心！以免燙傷

厚紙板

錫絲

用電烙鐵將錫絲熔解後，迅速用厚紙板將多餘的錫刮掉，就可鍍上一層很漂亮的銲錫。

圖 6-3　鍵盤鍍錫法

6. 裝上 SW 及電源。並把 SW "ON"。

7. 以三用電表DCV 不大於 10 伏特的任一檔測量，黑棒置於 TR_1 的 B 極，紅棒接在 TR_1 的 E 極，並把演奏棒(即香蕉插頭)接觸在鍵盤上之任一位置。此時三用電表的指針應會向右偏轉。若三用電表之指針向左偏轉(即指針逆時針方向偏轉)或不偏轉，則一定有地方接觸不良，找出並重銲。

8. 第 7 步驟正常後，移走電源，並裝上 R_{23}、TR_2、TR_3 及 SP。**注意！TR_2 是 NPN，TR_3 為 PNP**，不要裝反了。

9. 假如第 8 步驟裝製正確，那麼這一台電子琴已經大功告成了。接上電源試試看音色如何。相信不會令你失望。

10. 爲了美觀起見，找一個非金屬製品的盒子(例如：餅乾盒、襯衫的包裝盒、香皂的包裝盒……等硬紙盒或塑膠盒)參照圖 6-4(a)開上適當的孔，然後把PC板、電池裝入盒內，只讓鍵盤與香蕉插頭露出盒外。

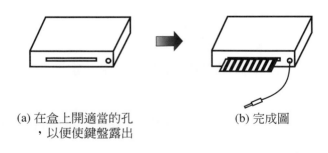

(a) 在盒上開適當的孔，以便使鍵盤露出

(b) 完成圖

圖 6-4

11. 你辛苦製作的電子琴已經全部完成了，演奏一曲試試看吧，享受一下自己的成果。

12. 說明：筆者製作完成之電子琴是 C 調，若讀者所購之 OPT 與筆者用來決定電路零件值時所用之OPT特性不同，則裝置後雖然亦有do、re、mi、fa、so、la、si 發出，但可能不會恰好是 C 調。若此製作僅欲作為玩具使用，音調的偏差並無大礙，若欲作為樂器用，則需一面以口琴或吉他演奏，一面修改電容量(只作小幅度的變動即可)使頻率相近。若要頻率非常正確，則需使用頻率計或示波器依據下表校準 $R_1 \sim R_{20}$：

C 調		do	re	mi	fa	so	la	si
高音	簡符	$\dot{1}$	$\dot{2}$	$\dot{3}$	$\dot{4}$	$\dot{5}$	$\dot{6}$	$\dot{7}$
	頻率	522	587	659	700	784	880	988
中音	簡符	1	2	3	4	5	6	7
	頻率	262	294	330	349	392	440	494
低音	簡符	$\underset{.}{1}$	$\underset{.}{2}$	$\underset{.}{3}$	$\underset{.}{4}$	$\underset{.}{5}$	$\underset{.}{6}$	$\underset{.}{7}$
	頻率	131	147	165	175	196	220	247
註：頻率以赫(Hz)為單位。								

7

警車警報聲產生器

　　本機能產生兩種聲音，一種是警車在為貴賓的座車開路時所發出的聲音，一種是警車在路上飛馳追蹤盜賊時所發出的急促警報聲。

　　這個電路一共使用了四個電晶體，比前面的幾個製作稍多，但是請初學者放心，憑著你裝製前面幾個電路所累積的經驗，只要不粗心大意，將可順利完成本製作。

7-1　電路簡介

　　本機電路如圖 7-1 所示。由兩個振盪電路組合而成。

　　請先看看虛線內的電路，是否感到似曾相識呢？是的，這個電路你已經在製作二的「家人留言指示器」裝製過了，它稱為無穩態多諧振盪電路。通電後，TR_1 和 TR_2 會輪流導電和截止，因此 LED 會不停地一明一滅，同時 TR_2 的 V_{CE} 也會不斷由低變高又由高變低，輸出方波。

　　R_5 及 C_3 組成了積分電路，把從 TR_2 送來的方波利用充放電之作用，轉變為鋸齒波。

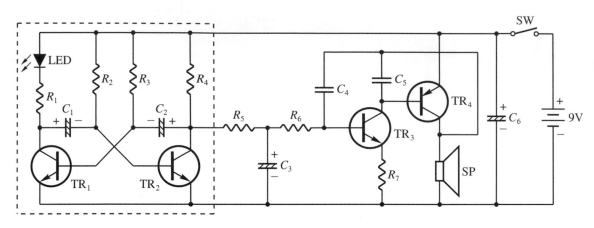

圖 7-1　警車警報聲產生器

　　TR$_3$ 和 TR$_4$ 組成了一個直接交連電路，由於 C$_4$ 提供了足夠的正回授，因此 TR$_3$ 及 TR$_4$ 的組合電路成爲一個振盪電路，通電後電晶體就不斷的導通與截止，使 SP 發出叫聲。C$_5$ 用以整修輸出波形。

　　TR$_3$ 與 TR$_4$ 的振盪頻率受制於 C$_3$ 的電壓，因此 C$_3$ 兩端忽高忽低的鋸齒波電壓即能令其振盪頻率不斷升高和降低，而發出警車的警笛聲。

7-2　零件的選購、測試

0. **材料表**

　　圖 7-1 的詳細材料表，請見第 309 頁。

1. **電阻器**

　　(1)　電阻器皆採用 $\frac{1}{4}$W，誤差 ±5% 者。

　　(2)　電阻值如下：

$$R_1 = 470\Omega \qquad\qquad R_5 = 8.2\text{K}\Omega$$

$$R_2 = 47\text{K}\Omega \qquad\qquad R_6 = 56\text{K}\Omega$$

$$R_3 = 47\text{K}\Omega \qquad\qquad R_7 = 47\Omega$$

$$R_4 = 2.2\text{K}\Omega \qquad\qquad R_x = 180\Omega\text{（備用）}$$

　　(3)　需以三用電表 Ω 檔測試，確保各電阻值符合所需。

2. **電容器**

(1) $C_1 = C_2 = 10\mu F$，$C_3 = 33\mu F$，$C_6 = 100\mu F$，均為耐壓 16V 之電解電容器。

(2) C_4 及 C_5 採用塑膠薄膜電容器，$C_4 = 103K$(即 $0.01\mu F$)，$C_5 = 104K$(即 $0.1\mu F$)。

(3) 各電容器需以三用電表 R×1K 測試，確保無斷路及短路。

3. **電晶體**

(1) TR_1 和 TR_2 採用易購價廉的 2SC1815 即可。

(2) TR_3 可使用 2N3569 或 2SC1384。TR_4 可採用 2N4355 或 2SA684。

(3) 所有電晶體均需以三用電表 R×1K 測試，確保無不良品。

4. **揚聲器 SP**

(1) SP 採用 8Ω 0.3W 至 8Ω 2W 者均可。

(2) 以三用電表 R×1 檔測量，SP 應發出喀喀聲，同時三用電表指示 6Ω～8Ω。

5. **發光二極體 LED**

(1) 發光二極體 LED 選用紅色 5mm 或 3mm 者均可。

(2) 使用三用電表 R×10 測之，順向時 LED 發亮，逆向時 LED 不亮。

6. **電源開關 SW**

(1) SW 可以採用小型的滑動式開關或搖頭開關。

(2) 以三用電表 R×1 檔測試，確保無接觸不良之現象。

7-3　實作技術

1. PC 板的設計圖示於圖 7-2 以供參考。

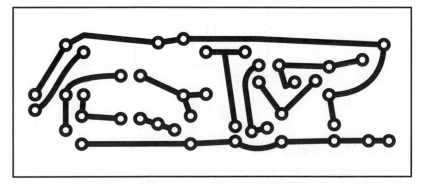

(a)

圖 7-2

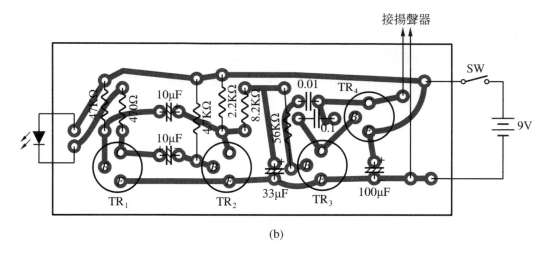

(b)

圖 7-2 （續）

2. 將 TR$_3$、TR$_4$、C$_4$、C$_5$、C$_6$、R$_6$、R$_7$、SP 均接上。接線後請再仔細檢查一遍，以確保接線無誤。（注意！TR$_3$ 是 NPN，TR$_4$ 是 PNP，不要裝錯。）

3. 在 R$_6$ 與 C$_6$ 的正端之間暫時接上一條導線，並將 9V 的直流電源暫時串聯一個 R$_x$＝180Ω 之電阻器接至電路，如圖 7-3。

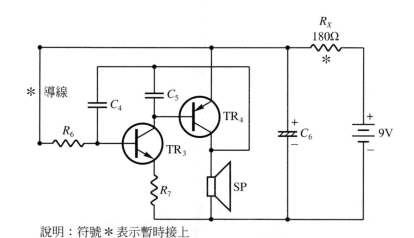

說明：符號＊表示暫時接上

圖 7-3

(1) 此時 SP 應發出振盪聲「嘟……」。

(說明：此時因為電源串聯了 180Ω 的電阻器，所以音量不怎麼大。)

(2) 若 SP 未能發出振盪聲，則立即將電源移走。檢查看看何處接錯。

(3) 若接線完全正確，而且沒有銲接不良處，但 SP 不發聲，則很不幸的，你買到的 C_4 內部呈開路狀態，需換新。

4. 說明：若裝製無誤，此種電路不需任何調整，保證能正常動作。若裝錯了，且電源未串聯一個限流電阻器作實驗(本製作中，限流電阻器為 R_x)，則電晶體可能會燒毀，故第 3 步驟絕對不能省略。

5. 第 3 步驟正常後，將暫時接上去的 R_x＝180Ω拆掉，裝上電源開關 SW。

6. 將 SW "ON" 則 SP 應發出比第 3 步驟響亮很多的振盪聲。否則 SW 接觸不良。

7. 第 6 步驟正常後，將 SW "OFF"，並把在第 3 步驟時暫時接上去的那一條導線(即圖 7-3 中打＊符號之導線)拿掉。

8. 圖 7-1 的虛線方框內之無穩態多諧振盪電路，你已在 "製作二" 裝製過了，照其要領裝妥。

9. 若裝製無誤，則將 SW "ON" 時 LED 會不停的明滅。
(說明：此時 SP 不會響，這是因為 R_6 未接上任何電壓，TR_3 及 TR_4 所組成之振盪電路不動作的緣故，不要誤以為電路發生故障)。

10. 第 9 步驟正常後，把 SW "OFF"，然後裝好 R_5 及 C_3。

11. 只要 R_5 及 C_3 接線正確，銲接良好，SW "ON" 後，SP 即能發出警車在追蹤盜賊時所發出的聲音了。
若以一條導線把 R_7(47Ω的電阻器)短路，則 SP 會發出開路引導車的聲音。

12. 若在 R_7 兩端以導線接至一個小型的開關(可使用滑動式開關)，則當此開關之接點打開時，SP 發出追賊警報聲，此開關之接點閉合時，R_7 被短路，SP 發出開路車的聲音，可以一機兩用。

8 對講機

對講機的用途很多，例如：醫院的病房與護理人員值班室之間、公務機關的辦公室與辦公室之間、工廠的主管室與各部門之間、住宅的各層樓之間………等等，它都可以幫助人們迅速傳遞消息。一般家庭，若在大門外面與室內間裝上對講機，當客人來訪時，也可先問清來者身份，遇到不相識者，不打開家門，以免暴徒進入。因此對講機是一種很實用的製作。

市售套件及電路圖集裡之對講機電路，大多企圖以變壓器達成阻抗匹配之目的，然而事與願違，阻抗比符合需求之聲頻變壓器不易購得，因此裝製後大多音量極小，聽起來口齒不清、不知所云。為了突破受制於聲頻變壓器之難關，筆者特地設計了本電路，以利業餘者製作。電路中摒棄了聲頻變壓器，不但靈敏度佳、音量足，而且聲音清晰，頗值得讀者一試。

 8-1 電路簡介

本製作之電路如圖 8-1，由 5 個電晶體組成，信號由 C_1 輸入，由 C_6 輸出。

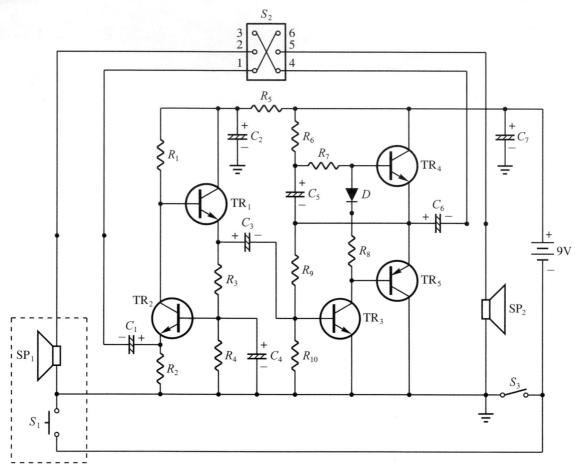

圖 8-1　對講機

　　爲了達到良好的阻抗匹配作用，在電路中採用 TR_2 作共基極放大。共基極放大電路之特點爲輸入阻抗低，輸出阻抗高，雖沒有電流放大作用，但有電壓放大作用。R_1 不但是 TR_2 之集極負載電阻器，而且兼作 TR_1 之偏壓電阻器，因此 TR_2 放大後之輸出信號是以直接交連的方式送至 TR_1。

　　TR_1 是一個射極隨耦器，信號由基極加入，從射極輸出。射極隨耦器之輸入阻抗高，輸出阻抗低，雖無電壓放大作用，但有甚大之電流放大作用，因此 TR_1 能在 TR_2 與 TR_3 之間提供良好的阻抗匹配作用，輸出大電流去驅動 TR_3。

　　TR_3、TR_4、TR_5 及其附屬零件組成一個標準型的 OTL 放大電路。TR_3 爲共射極放大電路，具有電流及電壓放大作用，主掌著整個OTL電路之增益，因此需選用高 β 值的電晶體來擔任。TR_4 及 TR_5 是利用其型式之不同(TR_4 爲 NPN，TR_5 則是 PNP)自動將 TR_3 之輸出信號分開，正半週由 TR_4 放大，負半週由 TR_5 放大。因爲 TR_4 及

TR$_5$ 的負載是揚聲器，為了有足夠的電流驅動揚聲，所以 TR$_4$ 及 TR$_5$ 都使用射極隨耦器的組態。D 及 R_8 是用以供給 TR$_4$ 及 TR$_5$ 適當的偏壓，避免交叉失真的產生。

　　你會在許多電路中看到在電源上串聯一個電阻器，再經一個電容器接地之電路，如圖 8-1 之 R_5+C_2 即是，此種型態稱為反交連電路。當反交連電路不良時，放大電路容易產生低頻振盪現象，而發生噗………的聲音。

　　電路中的接地符號 ⊥ 並非表示要真的接一條導線到大地(地上)，只表示它們應該以一條導線互相連接，使之相通而已，請見圖 8-2 之例子。⊥ 符號是為了簡化圖面，使讀者易於讀圖而設。

圖 8-2　接地符號的意義

　　圖 8-1 之虛線部份，只有一個揚聲器及一個呼叫開關 S_1，裝於一個機箱內，稱為 "子機"(或 "副機")。虛線以外的所有零件裝於另一個機箱內，掌管對講之主權，稱為 "母機"(或 "主機")。

8-2　零件的選購與測試

0. **材料表**

　　圖 8-1 的詳細材料表，請見第 310 頁。

1. **電晶體**

(1) TR$_1$ 及 TR$_2$ 選用易購的 2SC1815 即可。接腳請見圖 8-3。

(2) 常見的電晶體，其接腳之排列如 324 頁的附錄所示，一眼就可分辨出何腳為 B，何腳為 E，何腳為 C 極。但像圖 8-3 這種半圓

圖 8-3　2SA684、2SA1015、2SC1384、2SC1815 的接腳

形包裝的電晶體，其接腳之排列並沒有一定的規則，接腳隨電晶體編號之

不同而異,因此不常見的編號無法一眼即瞧出三腳各為何極。在使用電晶體時,如果知道各腳是那一極,當然較方便,假如不知道,也不難用三用電表將各接腳一一找出。其法如下:

① 三用電表轉到R×1K的位置,然後將測試棒接觸在電晶體的三個接腳之中的兩腳,使三用電表的指針產生大偏轉,此時這兩腳之中必有一腳是基極B。

② 將任一測試棒移至第三接腳(剛才空著的那個接腳),若三用電表的指針仍然產生大偏轉,則測試棒沒動的那個接腳為基極B。如果測試棒移至第三接腳時,三用電表之指針偏動極小,那麼表示測試棒移開的那腳為基極。

③ 上述測試,指針偏轉很大時,若接觸在基極的是黑色測試棒,則此電晶體是 NPN 電晶體。反之,若指針偏轉很大時,接觸在基極的是紅測試棒,那麼你所測的是個PNP電晶體。

④ 請參閱圖 8-4。

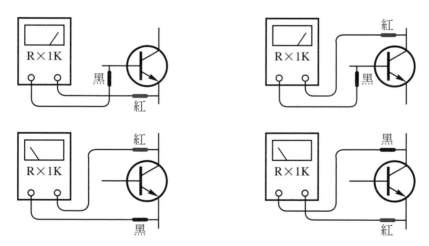

圖 8-4 判斷電晶體的 B 極

⑤ 基極已找出來了,其次就是把所剩的兩未知腳,一腳假設為集極C,一腳假設為射極E。

⑥ 以 NPN 電晶體為例。三用電表轉到R×1K的位置,然後把黑棒接在假設的集極C,而紅棒接假設的射極E,其次用手捏住基極B與假設的集極C,但不得讓 BC 兩極直接接觸。此時指針若大為偏轉,則接

腳的假設是正確的。若此時三用電表的指針不產生偏轉或偏轉極小，
則你的假設恰與實際相反。詳見圖 8-5。

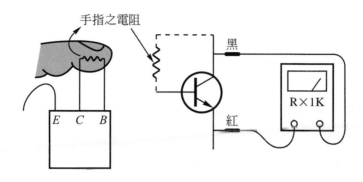

(a) 當假設正確時，電晶體由手指之電阻
　　得到順向偏壓，指針指示低阻值。

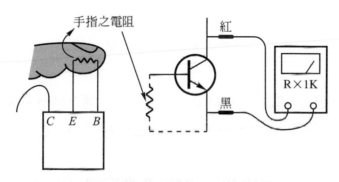

(b) 當假設錯誤時，指針指示高電阻值

圖 8-5　判斷電晶體的 C、E 極

⑦　如果所測之電晶體為 PNP 電晶體，那麼測試棒的接法恰與⑥相反，黑
棒需接在假設的射極 E，而紅棒接在假設的集極 C。

(3)　TR$_3$ 及 TR$_4$ 可採用 2N3569 或 2SC1384。TR$_5$ 可採用 2N4355 或 2SA684。

(4)　所有電晶體皆應使用三用電表測試，確定沒有不良品。(β 值以大者為佳)

2. 電阻器

(1)　所有電阻器皆採用 $\frac{1}{4}$W 即可。

(2)　電阻值如下：

$R_1 = 6.8\,\text{K}\Omega$　　　　$R_7 = 330\Omega$

$R_2 = 470\Omega$　　　　　$R_8 = 56\Omega$

$$R_3 = 4.7\text{K}\Omega \qquad R_9 = 27\text{K}\Omega$$

$$R_4 = 1\text{K}\Omega \qquad R_{10} = 5.6\text{K}\Omega$$

$$R_5 = 100\Omega \qquad R_x = 430\Omega(備用)$$

$$R_6 = 100\Omega$$

(3)　所有電阻器均需以三用電表測試，確定電阻值與所需相符。

3. 電容器

(1)　所有電解電容器皆採購耐壓 16V 者。

(2)　電容量如下：

$$C_1 = 33\mu\text{F} \qquad C_5 = 47\mu\text{F}$$

$$C_2 = 33\mu\text{F} \qquad C_6 = 100\mu\text{F}$$

$$C_3 = 10\mu\text{F} \qquad C_7 = 220\mu\text{F}$$

$$C_4 = 10\mu\text{F} \qquad C_x = 0.1\mu\text{F}\ 50\text{V}(備用)$$

(3)　每個電容器皆需以三用電表 R×1K 檔測試，確定沒有短路、斷路。

4. 二極體

(1)　二極體 D 選用一般的矽質整流二極體均可。購買價格最廉的 1N4001 即可。

(2)　必須以三用電表 R 檔測試，確定並無斷路或短路現象。

5. 揚聲器

(1)　SP_1 及 SP_2 均採用 $8\Omega\ 0.3\text{W}$ 或 0.5W 者即可。若要使靈敏度更佳，可以採購紙盆較大些，例如 3″(即直徑 3 吋)或 4″(即直徑 4 吋)的。

(2)　每個揚聲器都要以三用電表 R×1 檔測試，確定為良好者。

6. 開關

(1)　S_1 為自動回復式按鈕開關，按下時接點接通，手放開後接點恢復打開之狀態。

(2)　S_2 為雙刀雙投開關，一般以採用自動回復式按鈕開關使用起來較方便。不過，其他型式(例如：搖頭式或滑動式)的開關亦勉強可用。

(3)　S_3 為電源開關，以採用搖頭開關或按下時 ON 再按一下才變為 OFF 之按鈕開關較方便。

(4)　所有開關均應以三用電表 R×1 檔測試，確定無接觸不良之現象。

7. 導線

   (1)　導線(電線)係用以連接子機與母機。

   (2)　長度視實際需要而自己決定。可能需要數 10 公尺。

   (3)　最好選用 7 蕊以上的絞線，不要使用單心線，因為單心線在實驗時，易因常被移動而折斷。

8. 可變電阻器

   (1)　假如你想要加上音量控制的功能，則必須購買一個 $20K\Omega$ (B)的可變電阻器。

   (2)　以三用電表 R×1K 檔測量可變電阻器 VR 的中間腳與任一外側腳之間的電阻值，然後慢慢轉動 VR 的轉軸，三用電表的指針應很平滑的跟著慢慢偏動，若中途指針突然大幅度的跳動，則表示該 VR 為不良品。

8-3　實作技術

1. PC 板設計圖如圖 8-6。圖 8-6(b)中的 **JP 表示 "跳線"**，即拿一小段單心線，剝除絕緣皮後裝上，使兩端的銅箔相通。(**在 PC 板洗好後，即刻裝上跳線，以免裝製中只顧裝電子零件而忘了裝上跳線。**)

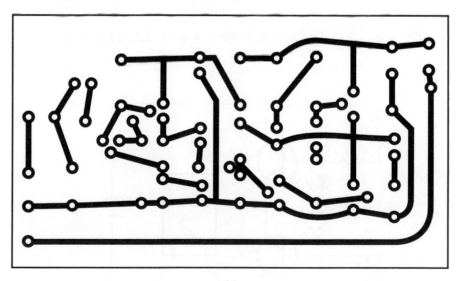

(a)

圖 8-6

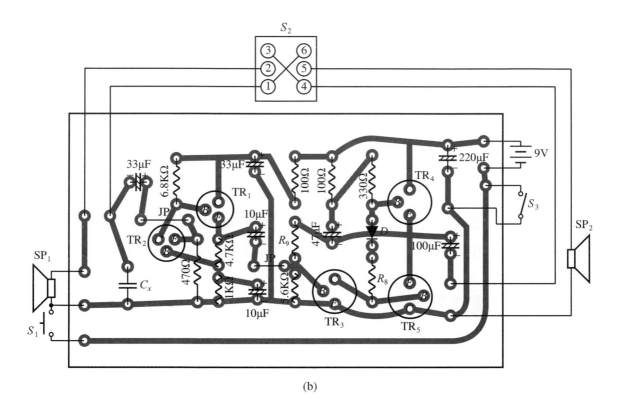

(b)

圖 8-6　(續)

2. 將 TR_4、TR_5、R_6、R_7、D、R_8、S_3 均接上，並在 TR_5 的 B-C 極之間暫時銲上 R_x
(見圖 8-7)。

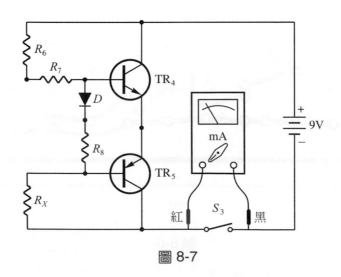

圖 8-7

3. S_3 確實置於 "OFF" (接點不通)之位置，然後接上 9 伏特的直流電源(正負極性需接正確)。

4. 把三用電表撥至 DC mA，如圖 8-7 所示，跨在 S_3 兩端。

    (1) 此時若三用電表指示 10～15mA，則本電路正常。

    (2) 若三用電表的指針不偏轉(即指示 0mA)則找找看電路中有哪個地方銲接不良或零件接錯位置。

    (3) 若三用電表的指針偏轉很大，遠超過 25mA，則三用電表的測試棒立即移走，以免三用電表或電晶體受損。然後查查看二極體是否方向裝反了或電晶體的接腳接錯了。更正之。

    (4) 若三用電表指示大於 15mA，但小於 25mA，則將 R_8 酌量降低，使三用電表指示 10～15mA。

    (5) 若三用電表的指示小於 10mA，但大於 8mA，則將 R_8 稍微加大，使三用電表指示 10～15mA。

5. 第 4 步驟正常時，將電源開關 S_3 置於 "ON" 之狀態。以三用電表 DCV 測量 TR_5 的 V_{CE} (即集極與射極間之電壓)或 TR_4 的 V_{CE}，此電壓稱為中點電壓，應等於電源電壓的一半(約 4.5V)，否則 TR_4 和 TR_5 之特性相差過大，應更換。

6. 第 5 步驟正常時，將 S_3 "OFF"，並把 R_x 拆離電路。

7. 裝上 TR_3 並將 R_9、R_{10} 也裝上。

8. 把 S_3 "ON"，用三用電表DCV測量中點電壓(即 TR_5 的 V_{CE})，看是否為 4～5V。

    (1) 中點電壓等於 4～5V 則電路正常。

    (2) 若中點電壓約為 0V，則一定是 R_{10} 銲接不良、或 TR_3 的接腳接錯。查出並更正之。

    (3) 若指示值大約 9V，則為 R_9、TR_3 銲接不良或 TR_3 接腳接錯。

    (4) 若中點電壓小於 4V，則需酌量提高 R_9 的電阻值。

    (5) 中點電壓若大於 5V，則需酌量降低 R_9 的電阻值。(說明：若 R_9 降至 15KΩ 還無法使中點電壓降至 4～5V，則 TR_3 的 β 值過低，不適用於此處，需換掉。)

9. 將 S_3 "OFF"，裝上 C_5、C_6、C_7，並將 C_6 的 "負極" 以一條導線暫時碰 "地" (即 TR_5 的集極)。

10. 把 S_3 "ON"，然後用三用電表 DCV 測中點電壓，應與第 8 步驟所測之值相同，否則為第 9 步驟所裝的三個電容器中，有正負極性反接之現象(需找出，並更正)或發生嚴重漏電(需找出，並換掉)。

11. 拆掉第 9 步驟暫時跨接上去的那條導線。並將 SP_2 接在 C_6 的負極與地間，如圖 8-8。

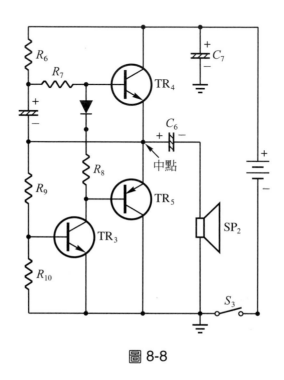

圖 8-8

12. 用手摸 TR_3 的基極，應能自 SP_2 聽到輕微的交流聲(即哼………)，否則 SP_2 的效率過低(即品質不佳)。

13. 把 S_3 "OFF"，裝上 R_5 及 C_2。

14. 把 S_3 "ON"，以三用電表測 C_2 兩端的電壓，應與電源電壓相等(約 9V)，否則需查出 R_5 及 C_2 是何處銲接不良或裝錯位置。

15. 第 14 步驟正常後，將 S_3 "OFF"，並裝上 R_1、R_2、R_3、R_4 及 TR_1、TR_2。

16. 把 S_3 "ON"，測量 TR_1 的射極對地之電壓，正常時應為 DC 4～6V。假如零件沒有裝錯，此部份皆能正常動作，不需作任何調整。

17. 將 S_3 "OFF"，裝上 C_1、C_3、C_4(正負極不要裝錯)，然後把 S_3 "ON"，用手摸 C_1 的接腳或 TR_2 的射極，SP_2 應能發出不小的交流聲(哼……)，否則新裝上的

C_1、C_3、C_4 這幾個電容器不良，需找出加以更換。(取一個數 10μF 的電容器逐次並聯 C_1、C_3、C_4，若並聯在某一電容器上，電路的功能轉為正常，則該電容器即為不良品。這是最佳找尋法。)

18. 把 S_3 "OFF"，然後拿一段 10 公尺以上的導線(PVC多蕊線)，把 SP_1 接於 C_1 的負端與地，如圖 8-9。現在，除了對講開關 S_2 與子機的呼叫開關 S_1 之外的所有零件均已裝上。

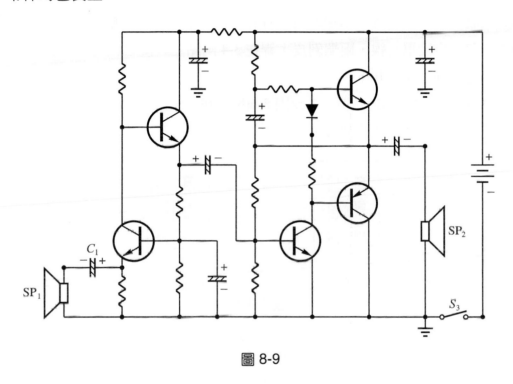

圖 8-9

19. 將 S_3 "ON"。

(1) 本機之靈敏度頗佳，若將 SP_1 與 SP_2 靠近，則因聲音的正回授，SP_2 應發出嘯叫聲，否則為 SP_1 不良。

(2) 將 SP_1 遠離 SP_2，直至 SP_2 不再發出嘯叫聲，此時對著 SP_1 講話即能由 SP_2 傳出。

20. 府上附近若有廣播電台，則 SP_2 此時可能會收聽到該電台之播音(例如：彰化市的讀者裝製後可能會收聽到國聲廣播電台的播音)，這是因為 SP_1 與母機之間的長導線成為天線，接收了附近電台的強信號所致。把 C_x 裝上後應能把電台的信號壓抑到低不可聞的程度(C_x 的位置見圖 8-6(b))，若 C_x 裝上後尚未完全消除，

可酌量增大 C_x，但以 SP$_1$ 的講話能清晰由 SP$_2$ 傳出爲限，C_x 加的過大，可能會使 SP$_2$ 發出之音量降低，宜留意之。

21. 將 S_3 "OFF"，並把 SP$_1$ 及 SP$_2$ 拆離電路，以便裝上 S_2。

    (1)   按鈕開關 S_2 的 6 個接點，如圖 8-10(a)所示。在未按下前 1-2 通，4-5 通，2-3 不通，5-6 不通。

    (2)   按下後 2-3 通，5-6 通，1-2 不通，4-5 不通。

    (3)   取一小段單心線，兩端剝皮，銲在 1-6 兩點上，使之相通。

    (4)   取一小段單心線，兩端剝皮，銲在 3-4 兩點上，使之相通。(3)(4)兩步驟之完成圖如圖 8-10(b)。

    (5)   將 S_2 及 SP$_1$、SP$_2$ 依圖 8-1 或圖 8-6(b)接好。

    (6)   本機之對講功能已完成。

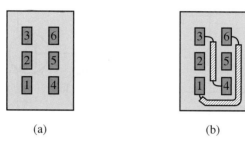

          (a)   (b)

圖 8-10

22. 通話試驗

    (1)   把 S_3 "ON"，對著 SP$_1$ 講話應能由 SP$_2$ 傳出。

    (2)   按下 S_2（S_3 還是處於 "ON" 之狀態），然後對著 SP$_2$ 講話，應能由 SP$_1$ 傳出。

    (3)   若未能達成以上功能，則需細查第 21 步驟是哪個地方裝錯了，確實接妥。

23. 第 22 步驟完成後，把 S_3 "OFF" 然後裝好 S_1。

    (1)   因爲在平時，S_3 是處於 "OFF" 切斷電源，因此當子機要主動和母機講話時，必須設法讓母機知道，S_1 即擔任此任務。

    (2)   在子機欲和母機通話時，按下 S_1 並「喂！喂」打招呼。母機即知悉而將 S_3 "ON" 使對講機通電。

24. 假如你要加上音量控制，請把圖 8-6 (b)中央那條跳線 JP 拆掉，如圖 8-11 所示銲上 20KΩ (B) 之可變電阻器。裝完後就可以調整音量的大小了。

25. 找兩個機箱或漂亮的盒子將子機及母機裝起來，即成為一個實用的裝置而可日夜為你服務了。

26. 對講機往往被經年累月的長期使用，若以 9 伏特的乾電池供電，甚不經濟，讀者們最好裝一個 146 頁的圖 1-24 所示之簡單型電源供應器作為本對講機之專用電源。

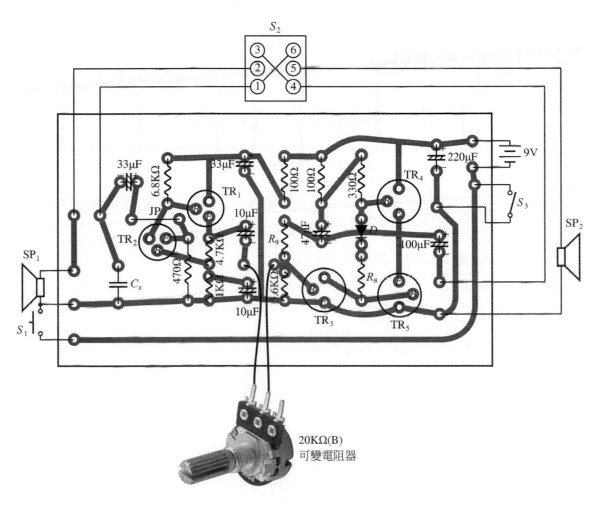

圖 8-11　在對講機加上音量控制

 ## 8-4　簡易型對講機

1. 簡易型對講機之電路示於圖 8-12。雖然此對講機之靈敏度遠不如圖 8-1，但其電路結構簡單，零件少，特別適合初學者試作，故於此提供給讀者們參考。

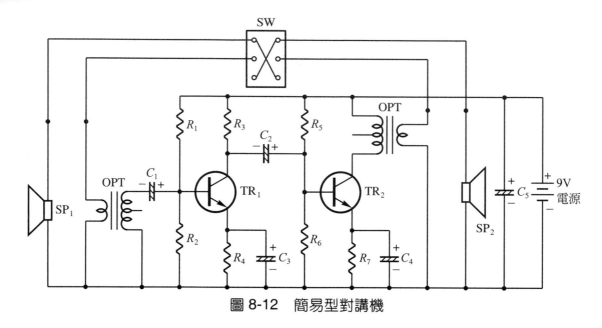

圖 8-12　簡易型對講機

2. 圖 8-12 是由兩個標準型的「共射極放大電路」組合而成。圖中的兩個 OPT 是作爲阻抗匹配之用。

3. 圖 8-12 的詳細材料表，請見第 311 頁。

4. 零件的選購：

    (1) 電阻器

        ①　所有電阻器均採用 $\frac{1}{4}$W 者。

        ②　各電阻器之電阻值如下：

$$R_1 = 39\mathrm{K\Omega} \qquad R_5 = 5.6\mathrm{K\Omega}$$

$$R_2 = 10\mathrm{K\Omega} \qquad R_6 = 10\mathrm{K\Omega}$$

$$R_3 = 4.7\mathrm{K\Omega} \qquad R_7 = 100\Omega$$

$$R_4 = 1\mathrm{K\Omega}$$

    (2) 電容器

        ①　電容器均採用耐壓 16V 者即可。

        ②　各電容器之電容量如下：

$$C_1 = 4.7\mathrm{\mu F} \qquad C_4 = 33\mathrm{\mu F}$$

$$C_2 = 4.7\mathrm{\mu F} \qquad C_5 = 47\mathrm{\mu F}$$

$$C_3 = 10\mathrm{\mu F}$$

(3)　電晶體

　　　TR_1 及 TR_2 可採用 2N3569 或 2SC1384。

(4)　輸出變壓器 OPT

　　　①　輸出變壓器只要使用一般電晶體電路用之 14mm 輸出變壓器即可。

　　　②　輸出變壓器三隻腳的那一邊，中間腳空置不用。

(5)　揚聲器

　　　揚聲器 SP_1 及 SP_2 採用 8Ω 0.3W 或 8Ω 0.5W 者均可。

(6)　對講開關 SW

　　　對講開關為雙刀雙投開關，以採用按鈕開關使用起來較方便，但若當地材料行沒有出售，改用滑動式開關亦可。

5.　所有零件均應使用三用電表加以測試，以免誤購不良品。

6.　由於電路簡單，只要零件沒有接錯，不需任何調整即可動作。

7.　PC 板留給各位讀者自行練習設計。若採用電子材料行所售之萬用電路板銲製亦可。

8.　如果要使本簡易型對講機的功能更趨完整，則可參考圖 8-1 之方式，加上 S_1 及 S_3，以便子機可以呼叫母機。

9

觸控電路

時下的彩色電視機都採用觸摸選台，只要輕輕一摸，立即可以換台，你是否覺得很神奇呢？來，讓我們親手製作一個新奇又有趣的電路玩一玩。雖然我們現在所要製作的電路，規模較小，但是其動作原理和規模較大的觸摸選台是完全相同的。

9-1 電路簡介

本製作之基本電路如圖 9-1，電晶體 TR_1 及 TR_2 是組成雙穩態電路(又稱互鎖電路)。

當我們把按鈕 S_1 壓下時，因為 TR_1 的 B-E 間被短路，基極電流 $I_{B1} = 0$，所以 TR_1 無法導電(亦稱 TR_1 處於截止狀態)，其 C-E 間之電壓甚高(近乎 V_{CC})。此時 TR_2 經由 R_2 獲得足夠之偏壓(I_{B2})，因此進入完全導電之狀態(亦稱為飽和)，其 C-E 間之電壓降至甚低，LED_2 亮，此時我們若把 S_1 放開，則因 TR_2 的 C-E 間電壓極低，TR_1 無法由 R_3 獲得偏壓，所以 TR_1 無法導電。換句話說，TR_2 導電後，縱然把 S_1 放開，TR_1 亦無法導電。

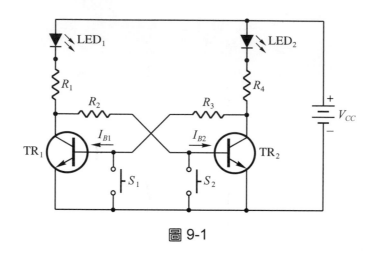

圖 9-1

同理，我們若把 S_2 按下，則 TR_2 的 B-E 極被短路，因此 TR_2 被迫截止，LED_2 熄，此時 TR_2 的 C-E 間電壓升高至近乎 V_{CC}，因此 TR_1 由 R_3 獲得足夠之偏壓(I_{B1})，進入完全導電之狀態，LED_1 亮，同時 TR_1 的 C-E 間電壓降至極低，此時縱然把 S_2 放開，TR_2 亦無法由 R_2 獲得偏壓，TR_2 保持截止之狀態。

綜合上述，我們得知：TR_1 ON 時 TR_2 必 OFF，TR_1 OFF 時 TR_2 必 ON，TR_1 與 TR_2 恆處於相反之狀態。亦即 LED_1 亮時 LED_2 一定熄滅。LED_1 熄時，LED_2 必亮。

讀者諸君看了圖 9-1 後心裡一定直嘀咕，既然 S_1 及 S_2 是按鈕，那怎麼可稱得上是「觸」控呢？別急，圖 9-1 只是為了使大家明白雙穩態電路之動作特性所畫的基本電路而已，欲知進一步的情形，請繼續看圖 9-2 之說明。

圖 9-2 才是觸控電路。它比圖 9-1 多了 TR_3 和 TR_4 兩個晶體。聰明的讀者們一定一眼即可看出 TR_3 及 TR_4 就是用來取代圖 9-1 中的 S_1 和 S_2 的。不錯，給你說對了。由於人體處於電線廣佈的世界裡，因此感應有 60Hz 的信號(不信你可用手摸摸擴音機的輸入端，當你用手觸及擴音機的輸入端時，揚聲器將發出強力的哼……聲，這就是 60Hz 的信號)，觸控電路就是利用了人體所擁有的 60Hz 信號而動作。

因為電晶體是一種具有放大作用的東西，只要在基極加上信號即可使其導電，因此當我們的手指觸及 TR_3 的基極時，TR_3 的 C-E 間即進入導電狀態(等於是圖 9-1 中之 S_1 閉合)，迫使 TR_1 截止，TR_2 導電，此時 LED_1 熄，LED_2 亮。我們的手指離開 TR_3 時，TR_3 恢復截止之狀態(等於是圖 9-1 中之 S_1 被放開)，本電路還是保持在 TR_1 OFF 與 TR_2 ON 之狀態。

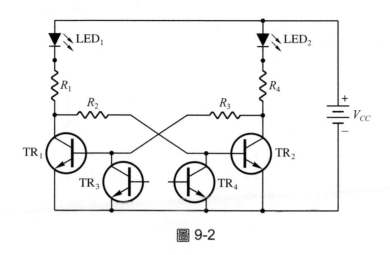

圖 9-2

　　同理，我們的手指觸及 TR$_4$ 的基極時，TR$_4$ 的 C-E 極間進入導電狀態(猶如圖 9-1 中之 S$_2$ 閉合)，迫使 TR$_2$ 截止 TR$_1$ 導電，此時 LED$_2$ 熄，LED$_1$ 亮。這個時候縱然手指離開 TR$_4$，電晶體 TR$_4$ 恢復不導電之狀態(等於是圖 9-1 中之 S$_2$ 被放開)，本電路還是保持在 TR$_2$ OFF 與 TR$_1$ ON 之狀態。

　　動作原理既已明白，那麼可以動工裝它來玩玩了吧，當然可以，不過………讀者們從電子材料行廉價購得之電晶體，可能有一些是 β 值較低的，為了確保能正常動作，所以我們採用了圖 9-3 之電路。

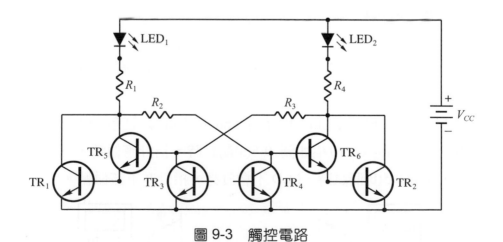

圖 9-3　觸控電路

　　圖 9-3 中，電晶體 TR$_2$ 和 TR$_6$ 組成達靈頓電路，其總放大倍數 $\beta \doteqdot \beta_2 \times \beta_6$，如圖 9-4 所示。同理，電晶體 TR$_1$ 與 TR$_5$ 亦組成達靈頓電路，其 $\beta \doteqdot \beta_1 \times \beta_5$。假設 TR$_2$ 的 β 值(即 β_2)只有 30，TR$_6$ 的 β 值(即 β_6)只有 50，則組成達靈頓電路後，總放大倍數

$\beta \fallingdotseq \beta_2 \times \beta_6 = 30 \times 50 = 1500$，因此縱然買不到高 β 值的電晶體來製作圖 9-2 之電路，我們亦可輕易的完成圖 9-3 之製作。

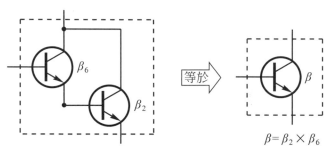

圖 9-4　達靈頓電路

9-2　零件的選購與測試

0.　材料表

圖 9-3 的詳細材料表，請見第 312 頁。

1.　電阻器

(1)　所有電阻器均採用 $\frac{1}{4}$W 者即可。

(2)　各電阻器之阻值如下：

$R_1 = R_4 = 330\Omega$

$R_2 = R_3 = 100\text{K}\Omega$

(3)　所有電阻器均應使用三用電表測量，以確保電阻值符合所需。

2.　LED

(1)　發光二極體 LED_1 及 LED_2 均採用 3mm 或 5mm 之紅色 LED 即可。

(2)　用三用電表的 R×10 檔如圖 9-5(a)測試時，指針應偏轉，同時 LED 亦發亮，如圖 9-5(b)測試時，LED 不會發亮，指針亦不該偏轉。

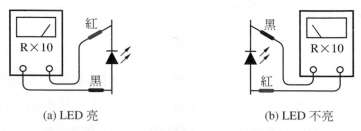

(a) LED 亮　　　　　　　　　　(b) LED 不亮

圖 9-5

3. **電晶體**

(1) 電晶體 TR_1～TR_6 採用 2SC1815、2SC1384 或 2N3569 等矽電晶體之任何一種均可。

(2) 各電晶體均應如 138 頁的圖 1-11 測試，以確保無短路、斷路等故障。

(3) **如 138 頁的圖 1-11(b) 測試時，指針偏轉最大的兩個電晶體作為 TR_3 及 TR_4，**其餘的四個電晶體分別擔任 TR_1、TR_2、TR_5、TR_6 即可。

 9-3　實作技術

1. PC 板設計圖示於圖 9-6 以供參考。圖 9-6(b) 中之觸摸板可使用銅板、鋁板等會導電的金屬板；也可以使用一小塊印刷電路板做觸摸板。

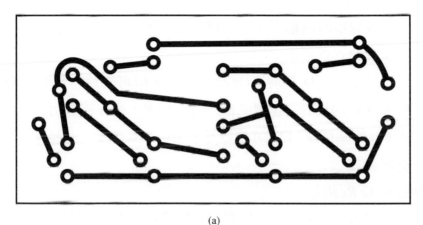

(a)

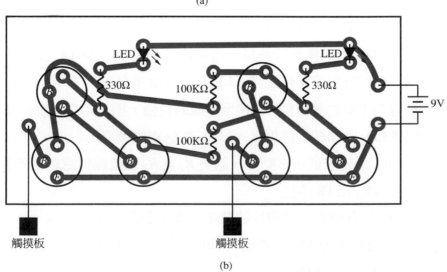

(b)

圖 9-6

2. 將 LED_1 及 R_1 裝於 PC 板上，並通上電源。

3. 把 R_1 欲與 TR_1 及 TR_5 的集極相接的那端，暫時以導線跨接至電源的負端，如圖 9-7，此時 LED_1 應發亮。若 LED 不發亮，應檢查看看到底是銲接不良或 LED 被反接了。

測試完畢後，將暫時跨接上去的導線拆除。

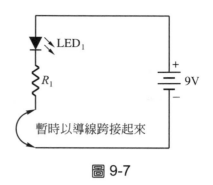

圖 9-7

4. 把 LED_2 及 R_4 裝於 PC 板，通上電源，然後如第 3 步驟所述之要領確定 LED_2 已裝置正確能夠發亮。測試完畢後，將暫時跨接上去的導線拆除。

5. 移走電源後把 TR_1、TR_2、TR_5、TR_6 都裝上。

6. 通上電源，此時兩個 LED 應都不亮。若 LED 發亮，表示第 5 步驟之接線有誤，需仔細檢查，並將錯誤處更正。

7. 若以手摸 TR_5 的基極，LED_1 應發亮(雖然不很亮，但可清楚的看出 LED 有在發亮)，否則 TR_5 或 TR_1 的接腳不正確或有銲接不良處，應仔細查出，並更正之。同理，以手摸 TR_6 的基極時 LED_2 亦應發亮，否則 TR_6 或 TR_2 的接腳有誤，需細心查出，並更正。

8. 移走電源後把 R_2 及 R_3 裝上。

9. 通上電源。此時 LED_1 或 LED_2 之中的某一個應發亮。若兩者均不亮，仔細看看 R_2 或 R_3 是否裝對位置？有否銲接不良？

10. 以一條導線將 TR_5 的基極暫時跨接至電源的負極時，LED_1 應熄滅，LED_2 亮；導線離開後 LED_1 應繼續保持熄滅，LED_2 亦應繼續發亮。

11. 若以一條導線將 TR_6 的基極暫時跨接至電源的負極，則 LED_2 應熄滅，LED_1 亮；導線離開後 LED_2 應繼續維持熄滅，LED_1 亦應繼續發亮。

12. 若第 10 或第 11 步驟未能正常動作，請查 R_2 及 R_3 之接線何處銲接不良。

13. 移走電源後把 TR_3 和 TR_4 裝上。

14. 假如第 13 步驟沒有把電晶體的接腳裝錯，則本製作已大功告成。

15. 通上電源後，若以手摸 TR_3 之基極，LED_1 會熄滅，LED_2 亮；以手摸 TR_4 的基極時，LED_2 會熄滅，LED_1 亮。

16. 若第 15 步驟未能正常動作，則第 13 步驟所裝上之 TR_3 或 TR_4 接線有誤，查出並更正之。

17. 使用細絞線將觸摸板連接至 PC 板上。

　　(若觸摸板採用鋁板，則因鋁板無法銲錫，故需用螺絲把導線固定在鋁板上。)

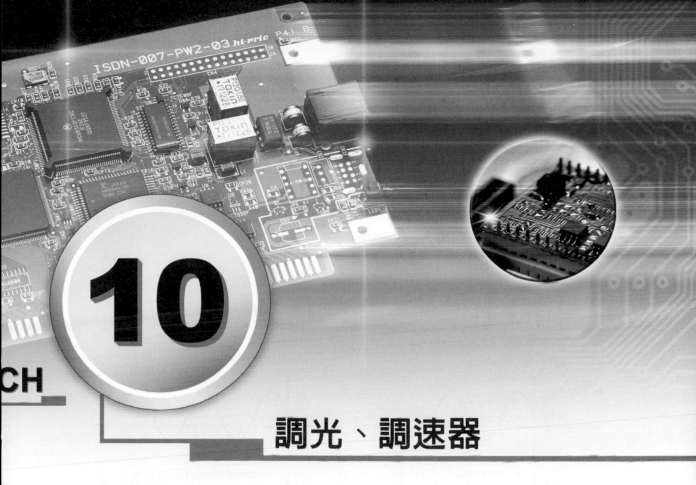

10

調光、調速器

本製作能夠自由調整室內之燈光亮度,以配合各種需求,雖然組成的零件不多,但因電路精簡,因此調光效果很令人滿意。同時本製作亦可作為電扇之無段調速,以獲得強風至超微風之無段控制,超微風在有嬰兒的家庭裡特別有用,可避免嬰兒在熟睡中著涼。

10-1 電路簡介

調光、調速器是利用「相位控制」之方法改變供給負載之能量,以改變負載的亮度或轉速。

假如有一個電燈泡如圖 10-1(a)所示,串聯一個開關 SW,則當我們將 SW 閉合(ON)時電燈泡就亮,將 SW 打開(OFF)時電燈泡就熄滅,這個電路被每個家庭廣泛用著,相信初學者亦不難了解。

假如我們在交流電源的每一個半週,經過 θ 後把 SW "ON",在每個正負半週相交的時刻把 SW "OFF",如圖 10-1(b),則當 θ = 90° 時,電燈泡所得之電壓如圖 10-1(b)之底部所示,只有 SW 永遠 ON 時的一半,因此在此種情況下電燈泡的亮度將比永遠通電暗。若是令 $\theta = 135°$，則由圖 10-1(c)可知此時的電燈泡所獲得之能量比(b)圖時更小，因此電燈泡的亮度比(b)圖時還暗。這種控制方法即稱之為「相位控制」。相位控制不但能夠作為調光、調速之用，也可以作為電烙鐵等發熱器具之調溫。

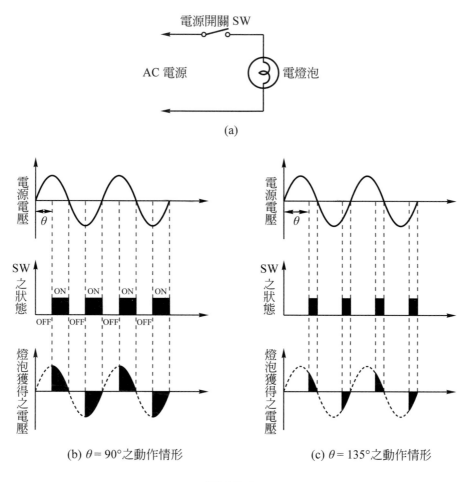

(a)

(b) $\theta = 90°$ 之動作情形　　　(c) $\theta = 135°$ 之動作情形

圖 10-1

　　但是交流電的變化實在太快了，以本省 60Hz 的電源而言，每 1 秒鐘就有 60 個正半週和 60 個負半週，若要用手去把電源開關 SW 如圖 10-1(b)所示作 ON 和 OFF 之動作，以達到調光、調速或調溫之目的，則每秒鐘就得板動(ON-OFF)開關 120 次，這實在非人力所及，因此在實際的電路中，都以電子開關來取代圖 10-1(a)中之 SW。最常用的電子開關就是 TRIAC。

相位控制電路之基本電路如圖 10-2(a)所示，由 DIAC 及 TRIAC 等零件組合而成。在基礎篇的 1-8-7 節(第 69 頁)，我們已知 TRIAC 是一種能雙向導電的元件，特別適用於交流電路。TRIAC 在閘極 G 未受觸發前，MT_1 與 MT_2 間是成開路狀態("OFF")，因此電燈泡未獲得能量而不亮。每半週電容器 C_1 經電燈泡(負載)、R_2、VR 而充電，當 C_1 之電壓達到 DIAC 之轉態電壓時(大約 28V～35V) DIAC 即導通，此時 C_1 經 DIAC → TRIAC 的 G → TRIAC 的MT_1 之回路放電，而使 TRIAC 的 G → MT_1 間通過一個觸發電流 I_g，TRIAC 受觸發後即導通而呈短路狀態(等於是把圖 10-1 (a)的 SW 閉合起來之作用)，圖 10-2(b)中之斜線部份即加於電燈泡而使之發亮。等電壓降至零時(嚴格的講，應該是等電流降至一個極低值時)，TRIAC 即自動截止而恢復開路狀態(等於是把圖 10-1 中的 SW "OFF")，直至下一個 I_g 加至閘極，始再度導電。TRIAC 於每半週末了的零點都會自動截止。

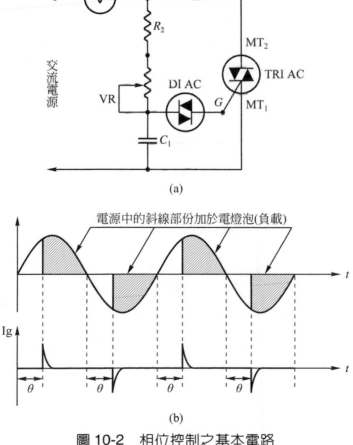

(a)

(b)

圖 10-2　相位控制之基本電路

可變電阻器 VR 可控制 C_1 充電之快慢，間接的控制了每半週的觸發角 θ，亦等於控制了電燈泡的亮度。當 VR 的電阻值大時，C_1 達到 DIAC 的轉態電壓之時間加長，θ 增大，加於電燈泡的斜線部份減少，電燈泡所發出之亮度就較弱。若 VR 之電阻值加到非常大，以致在每個半週 C_1 之電壓均無法達到 DIAC 之轉態電壓，電燈泡就熄滅不亮。反之，若把 VR 之電阻值轉小，則 C_1 上之電壓很快就能使 DIAC 轉態導電而觸發 TRIAC，θ 減小，加於電燈泡之斜線部份增大，因此電燈泡就較亮。

R_2 在理論上根本可以不用，但是在實際裝置中卻非有不可(一般均大於 1KΩ)，因為當 VR 轉至電阻值極小(但不為零)時，電容器 C_1 充電所造成之瞬間電流甚大，可變電阻器 VR 有受損之虞，故宜接之。

由於 TRIAC 在不導電時，線路幾乎不耗電，因此相位控制是一種非常優良的調光、調速方式。

為了獲得優良的調光效果，本製作將圖 10-2(a)之基本電路加了些許零件而成為圖 10-3 所示之電路。R_1、D_1、D_2 是為了消除磁滯現象而設(何謂磁滯現象？留待稍後之"實作技術"中說明)。R_3 及 C_2 則為 dv/dt 抑制電路，僅在負載帶有不小的電感性時(例如馬達)才需裝上，若你只想把本製作用於電燈之調光，那麼 R_3 及 C_2 可以省略不裝。

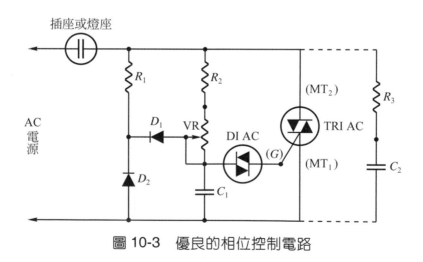

圖 10-3　優良的相位控制電路

10-2　零件的選購與測試

0. 材料表

圖 10-3 的詳細材料表，請見第 312 頁。

1. 電阻器

(1) 各電阻器之阻值如下：

$R_1 = 15\text{K}\Omega$　1W

$R_2 = 1\text{K}\Omega$　1/2W

$R_3 = 100\Omega$　1/2W

(2) R_1 若在當地電子材料行無法購得，可購買兩個 30KΩ～33KΩ 1/2W 的電阻器並聯起來使用。

(3) 各電阻器均需以三用電表Ω檔測量，證實電阻值與所需相符。

2. 電容器

(1) C_1 及 C_2 可以使用塑膠薄膜電容器，規格如下：

$C_1 = 0.1\mu\text{F}$　耐壓 $\geq 50\text{V}$

$C_2 = 0.1\mu\text{F}$　耐壓 $\geq 200\text{V}$

(2) 上述電容器若以三用電表R×1K檔測試，指針應會向右偏轉一點點然後迅速退回最左邊，否則為不良品。

3. 可變電阻器 VR

(1) VR 採用 250KΩ(B)之可變電阻器。

(2) 以三用電表R×1K檔測量 VR 的中間腳與任一外側腳之間的電阻值，然後慢慢轉動 VR 的轉軸，三用電表的指針應很平滑的跟著慢慢偏動，若中途指針突然作大幅度的跳動，則表示該 VR 為不良品。

4.二極體

(1) 二極體 D_1 及 D_2 只要是耐壓不小於 200 伏特的二極體都可以。可以採用最易購得之 1N4003 或 1N4007。

(2) 二極體需以三用電表R×1K檔加以測試。順向時指針會大為偏轉，逆向時指針應該不動。如 136 頁的圖 1-7 所示。

5. DIAC

(1) DIAC 可採用 DB3、V413、MPT-28、ST-2 之任何一種編號。

(2) DIAC 的外殼上應該清晰的印上 DB3 或 V413 或 ST-2、MPT-28 等字體(編號)。外殼上沒有印上編號的 DIAC，請初學者不要購買。

(3) 因為 DIAC 需要 28 伏特以上才可能導通，所以使用三用電表的 Ω 檔加以測試，指針皆不會動，猶如內部斷路一般，但這並不表示 DIAC 的內部真的產生斷路的故障了，請初學者留意。

6. TRIAC

TRIAC 只要是耐壓不小於 200 伏特，電流不小於 2A 者均可。可使用 SC141B 或 TIC226B、TIC226D 之中的任何一種。

判斷 TRIAC 良否之方法如下所述：

(1) 三用電表撥至 R×1 檔。

(2) 將黑測試棒接 MT_2，紅測試棒接 MT_1，電阻值應為無限大。若指針產生偏轉，即為不良品，應棄之。

(3) 拿一條導線將 MT_2 與 G 接觸後，電阻值應降至 20Ω 左右，將該導線移走後三用電表的指針應該保持在原位(20Ω左右)而不退回無限大。若導線移走後電阻值立即由 20Ω 左右增至無限大，則為不良品。

　　註：大電流的 TRIAC，因為保持電流較大，所以在 MT_2 與 G 間之導線移走後，MT_2 與 MT_1 間的電阻值會增至無限大，這是正常的。但本製作所用之 TRIAC 是 10A 以下的規格，保持電流較小，所以導線移走後三用電表的指針應保持在原位(約 20Ω)。

(4) 以三用電表的兩測試棒測量 G 與 MT_1 間之電阻，不論紅黑棒如何對調，其電阻值應大約為 $20\sim50\Omega$ 左右。

7. 插座或燈座

你若要兼作調速及調光之用，則需購買一個插座以方便插上電風扇或電燈。若僅欲作為調光之用，則可購買一個燈座備用。

8. 電源線

(1) 使用電源線較為簡便，最好購之，否則你也可以買一段花線和一個插頭來用。

(2) 一定要使用三用電表如 139 頁的圖 1-14 測試，確定爲良好品。

9. **機箱**

機箱以小巧者爲佳，無論是塑膠製品或壓克力製品或金屬機箱皆可。

10. **旋鈕**

選擇一個如 85 頁的圖 1-9-22 所示之塑膠旋鈕，以便裝在可變電阻器的轉軸上。

10-3 實作技術

1. 本製作之零件不多，相信讀者們已有能力處理，因此 PC 板留給讀者自行練習設計。若使用電子材料行所售之萬用電路板銲製亦可。

2. 把 R_2、VR、C_1、DIAC、TRIAC、插座(或燈座)及電源線裝好。

3. 各零件之接線務必正確。尤其 TRIAC 的三隻腳絕對不能接錯。

4. TRIAC 的包裝大多如圖 10-4 所示，固定片係兼作散熱用，故與 MT_2 相通，因此**通電試驗時，需避免觸摸 TRIAC 之固定片，以免觸電。**

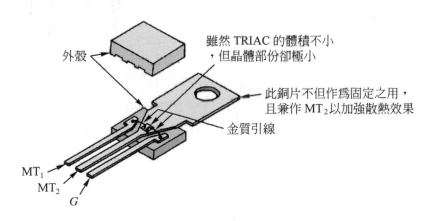

外殼

雖然 TRIAC 的體積不小，但晶體部份卻極小

此銅片不但作爲固定之用，且兼作 MT_2 以加強散熱效果

金質引線

MT_1
MT_2
G

圖 10-4

5. 細心檢查一遍，確認接線無誤後，裝上 110V 電燈泡，並通上 AC110V 電源，此時若轉動可變電阻器 VR，則燈光之強弱應能加以控制否則**拔掉電源插頭**後，如下檢查：

(1) 燈光明亮如常，但不能減弱或調整：

① TRIAC 的接線錯誤。需更正。

② TRIAC 的 MT_1 與 MT_2 間絕絕不良，發生接腳互相碰觸之毛病。

(2) 亮度可控制，但不能削減至全熄：

   ① 原因：所購 DIAC 之轉態電壓較低。

   ② 處方：將 C_1 電容量加大或把 VR 改用電阻值較大者。

(3) 亮度極低時有閃爍現象

   ① 原因：TRIAC 之特性不良。

   ② 處方：更換 TRIAC。

(4) 旋轉可變電阻器時，大部份時間不亮，一旦亮亦不能調整：

   ① MT_1 與 MT_2 反接。請更正。

   ② TRIAC 之特性不良。換新。

   ③ 本製作不適於日光燈之調光，只能作為電燈泡之調光，請留意之。

(5) 可變電阻器冒煙(燒燬)：

   ① TRIAC 之 MT_2 接線脫落。

   ② TRIAC 之 G 與 MT_1 間被粗心的碰在一起或 DIAC 短路。

(6) 電燈泡完全不亮。

   ① 電燈泡為不良品。

   ② 電路中有斷線處。

6. 當你進行第 5 步驟之試驗時，可能會發現燈光能很平滑的由全亮慢慢的調至全熄，但卻不能由全熄很緩慢的由稍亮逐漸調至全亮。這種由全暗逐漸旋轉可變電阻以提高亮度時，燈光會由全熄突然增至某亮度，然後才可以順利的隨心所欲控制亮度之現象，稱為"磁滯現象"。

7. **拔掉電源插頭**，然後將 D_1、D_2、R_1 裝上。

8. 再度通電試驗。此時你將發覺磁滯現象已不復存在，調光效果相當令人滿意。第 7 步驟所裝上的那些零件即為消除磁滯現象而設。

9. 若本製作欲兼作電扇之調速器，則請**拔掉電源插頭**後把 R_3、C_2 裝上。若本製作只欲作為調光器，則 R_3、C_2 可省略不裝。

10. 假如本製作只要作為電扇調速器之用，而不想作調光器，則第 7 步驟及第 8 步驟可省略。

11. 把塑膠旋鈕裝在可變電阻器的轉軸上。

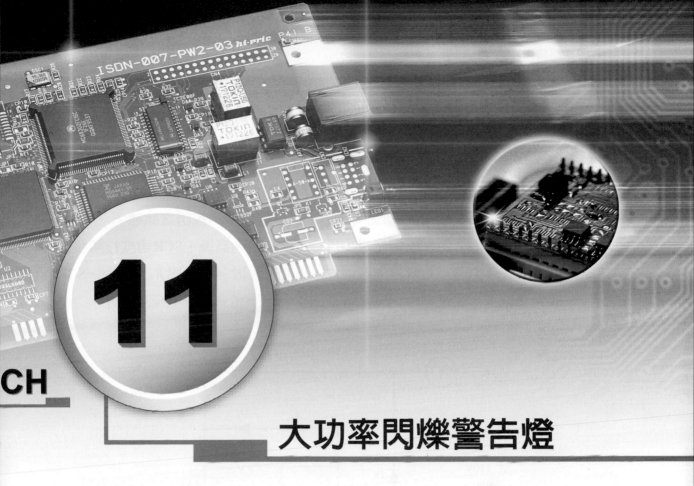

CH

11

大功率閃爍警告燈

近年來，工程單位挖掘馬路，由於疏忽未設標誌，以致坑車坑人的事件時有所聞。若你家門前的道路正值施工，被挖的千瘡百孔，那麼照本製作裝置一個閃爍警告燈，夜間置於坑旁，則來往的車輛，行人在遠處即可看到閃閃爍爍的警告燈而提高警覺，豈不功德無量。

時下的年輕朋友們喜好跳舞，若製作一個大功率閃爍燈配合節拍，更能增加氣氛。

 ## 11-1　電路簡介

本製作之電路，如圖 11-1 所示。D_1 是用以供給電燈泡一個基準亮度。因此電源的負半週均通過 D_1 而加至電燈炮，僅正半週受 SCR 之控制。

在每一個正半週裡，電容器 C 均經 $D_2 \rightarrow R_2$ 而充電。因為 R_4 兩端之電壓直接加於 SCR 的 G、K 極，因此當電容器兩端之電壓充至足夠高時，經 R_3、R_4 分壓而在 R_4 兩端產生之電壓即足以觸發 SCR，使 SCR 的 A-K 間導通。SCR 導通時，不但負半

週照常通過 D_1 而加至電燈泡,而且正半週亦經 SCR 而供給電燈泡,所以電燈泡之亮度大爲提高。

SCR 導通後,電容器 C 即經「C 的正端 → R_1 → D_3 → SCR 的 A 極 → SCR 的 K 極 → C 的負端」之路徑而放電,待其放電至電壓足夠低時,SCR 即恢復截止狀態。SCR 截止後,電燈泡僅接受 D_1 供給之負半週,故恢復原來的較暗之狀態。

SCR 截止後,C 又經 D_2、R_2 而充電,待 C 之電壓足夠高後,SCR 再度被觸發導通,電燈泡不但有負半週而且有正半週供電,亮度又大增。待 C 經 R_1 → D_3 → SCR 放電後,SCR 又截止。如是循環之,電燈泡即能一暗一亮一暗一亮反覆閃爍。

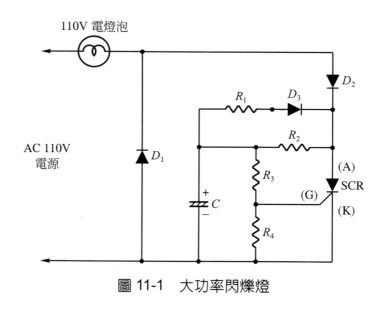

圖 11-1　大功率閃爍燈

11-2　零件之選購、測試

0. 材料表

圖 11-1 的詳細材料表,請見第 313 頁。

1. 電阻器

(1)　所有電阻器均採用 1/2W 者。

(2)　各電阻器之電阻值如下:

$R_1 = 3.3\text{K}\Omega$　　$R_2 = 22\text{K}\Omega$

$R_3 = 27\text{K}\Omega$　　$R_4 = 1\text{K}\Omega$

(3)　所有的電阻器均應使用三用電表加以測試，確保電阻值符合所需。

2.電容器

(1)　電容器 C 採用 47μF 50V 者。

(2)　需使用三用電表之 R×1K 檔測試，以確保無短路或斷路之故障。

3.二極體

(1)　二極體 $D_1 \sim D_3$ 均採用 1N4003 者。其他編號之二極體，只要規格不小於 1A 200V 者均可採用。

(2)　使用三用電表測量，以確保無短路或斷路之故障。

4.SCR

(1)　SCR 可採用 C106B、C106D 或 CR2AM4 等易購者。其接腳如圖 11-2 所示。

圖 11-2　SCR 的接腳

(2)　SCR 良否之測試方法如圖 11-3 所示。茲說明如下：

①　將三用電表置於 R×1 檔，紅棒接 A，黑棒接 K，此時 SCR 的 AK 間為逆向，電阻值應為無限大。

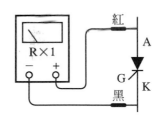
(a) AK 逆向，R = ∞

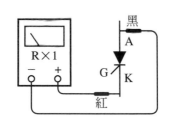
(b) AK 順向，但 G 無觸發，R = ∞

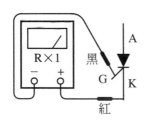
(c) GK 順向，R 甚小

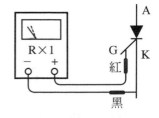
(d) GK 逆向，R 較(c)大很多或無限大

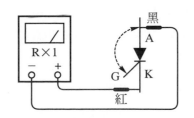
(e) AK 順向，AG 間以導線接觸後將導線移開，R≤20Ω

圖 11-3　SCR 良否之測試方法

② 紅棒接 K，黑棒接 A，此時 SCR 的 AK 間雖為順向，但閘極 G 未受觸發，不導通，故電阻值亦應為無限大。

③ 黑棒接 G，紅棒接 K，此時 GK 間為順向，電阻值應在 60Ω 以下。

④ 紅棒接 G，黑棒接 K，此時 GK 間為逆向，電阻值應較③步驟所測得者大很多或無限大。(電阻值無限大者較適合本製作使用)

⑤ 黑棒接 A，紅棒接 K，並用一段導線將 A 及 G 相觸，電阻值應由無限大降至 20Ω 以下，此時若將 AG 間之導線移走，則因 SCR 已被觸發導通，故電阻值應保持在 20Ω 以下。若將紅棒或黑棒中之任一隻移開，再行接觸，則 AK 間之電阻值應回復為無限大。

註:有些大型 SCR，在 AG 間之導線移走後，AK 間即呈現無限大的電阻，而不保持在 20Ω 以下，這是因為大型 SCR 的保持電流 I_H 較大的緣故。但本製作所用之 C106B、C106D、CR2AM4 等製品，其保持電流較小，故 AG 間導線移走後，AK 間應該還保持在 20Ω 以下。

⑥ 相關知識:台製和日製三用電表，當開關置於 Ω 檔時(R×1 ～ R×10K 各檔皆是)，紅棒恰為三用電表內部乾電池的負極，黑棒則為三用電表內部乾電池之正極。此特點，在使用三用電表的 Ω 檔測試有極性的零件時特別重要。

11-3 實作技術

1. 在燈座裝上 110V(瓦特數不大於 100W)之電燈泡。

2. 將燈座之兩引線通上 AC 110V 之電源。如圖 11-4 所示。此時電燈泡應能正常發亮，否則查出故障原因，並使能正常發亮。

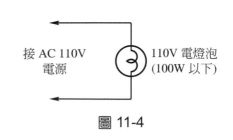

接 AC 110V 電源　　110V 電燈泡 (100W 以下)

圖 11-4

3. 第 2 步驟一定要做，否則，若遇電燈泡斷線者可能會誤以為稍後所裝之各電子零件有故障；若遇燈座內部銅片因碰片而短路者，則會將稍後所裝上的二極體、SCR 等燒毀，不可不慎。

4. 移掉電源後，裝上 D_1 使成圖 11-5，然後通電，此時電燈泡應該發出比第 2 步驟還暗之亮光。

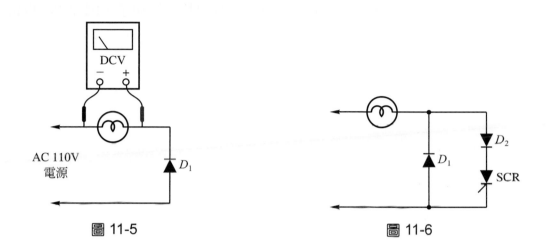

圖 11-5　　　　　　　　　　　　　　圖 11-6

5. 以三用電表之 DCV 檔如圖 11-5 測試，應指示大約 DC 50V，否則：

   (1) 若指針倒轉，則為 D_1 裝反了，更正之。

   (2) 若三用電表所測得之值比 DC 50V 低很多，則為二極體 D_1 品質不佳(耐壓不足或漏電過大)需更換掉。

6. 移走電源後，把二極體 D_2 及 SCR 裝上。如圖 11-6。

7. 通上 AC 110V 電源，電燈泡所發出之亮度應與第 5 步驟時所發出之亮度相同。若亮度比第 5 步驟還亮，則 SCR 品質不良，需換掉。

8. 移走電源後，裝上 R_2、R_3。

9. 接上 AC 110V 電源，此時電燈泡之亮度應比第 5 步驟亮很多，而且與第 2 步驟時相近。否則，電路中有銲接不良處或 SCR 之特性不良，或 D_2 反裝了。

10. 移走電源後，裝上 D_3、R_1、R_4 及 C。**請特別注意，C 的正負極性一定要裝正確，D_3 的方向亦不能反接。**

11. 只要第 10 步驟正確無誤，則接上 AC 110V 電源後，電燈泡已能開始閃爍。

12. 若嫌閃爍之速度太慢，可酌予降低 R_3 之電阻值，若覺得閃爍速度過快，可將 R_3 提高至 68KΩ以下之任何電阻值。總而言之，你可以在 68KΩ以下隨意改變 R_3 之電阻值，以改變電燈泡之閃爍速度。R_3 之電阻值之所以限制在 68KΩ以下，

是因為當 R_3 超過 68KΩ時，電容器 C 必須承受 50V 以上之電壓，而我們現在所採用的電容器耐壓卻只有 50V，過高的電壓將使 C 受損。

13. 由於本製作之零件不多，且讀者諸君已有不少的製作經驗了，因此 PC 板留給讀者們自己練習設計。

12

CH

燈光自動點滅器

　　一般家庭及公司行號裡之照明器具如日光燈、電燈泡等，電源之通斷均以手操作。我們家裡的門燈、庭院燈等，若能夠一到天暗下來即自動開燈，到了天亮又自動熄燈，豈不很好。本製作即是以電路來完成燈光自動點滅之任務。

12-1　電路簡介

　　燈光自動點滅器的電路如圖 12-1 所示。

　　一個電路，要能夠自動依天色之明暗而點滅燈光，一定要有一個能夠查覺天色明暗之零件，本製作採用 CdS 來擔任這個任務。

　　本製作所需之低壓直流電源，如圖 12-2(a)所示，係由二極體 D、降壓電阻器 R_9、稽納二極體 ZD 及濾波電容器 C 組成。本製作之所以採用圖 12-2(a)之方式，而不採用圖 12-2(b)那種使用電源變壓器降壓再整流、濾波之方式，其理由有二：①本製作若採用圖 12-2(b)這種電路作電源，則變壓器將使本製作之體積與重量增加甚巨。②本製作之消耗功率極低，採用圖 12-2(a)之方式較圖 12-2(b)便宜。

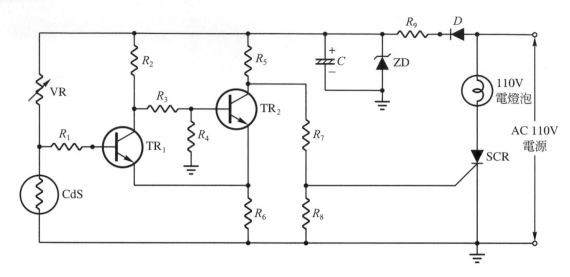

圖 12-1　燈光自動點滅器

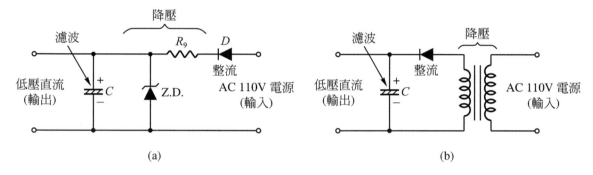

(a)　　　　　　　　　　　　　　　　　　(b)

圖 12-2　獲得低壓直流電源的方法

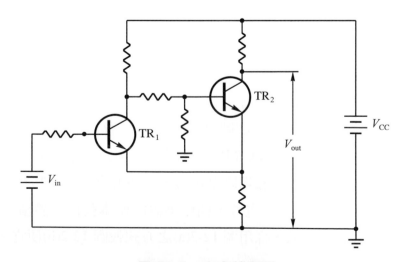

圖 12-3　史密特電路

　　TR$_1$、TR$_2$ 及 $R_1 \sim R_6$ 組成之電路，如圖 12-3，稱為史密特電路。史密特電路之特性為：①輸入電壓 V_{in} 超過某特定值 V_H 時，TR$_1$ ON，TR$_2$ OFF，輸出電壓 $V_{out} = V_{CC}$，②輸入電壓低於某特定值 V_L 時，TR$_1$ OFF，TR$_2$ ON，輸出電壓 V_{out} 甚低(在本製作中，TR$_2$ ON時，V_{out} 小於 0.6 伏特)，③ V_H 恆大於 V_L。

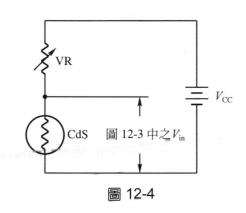

圖 12-4

　　在本製作中，圖 12-3 中之 V_{CC} 係由圖 12-2(a)之電路供應。圖 12-3 中之 V_{in} 則為可變電阻器 VR 與光敏電阻器 CdS 之分壓，如圖 12-4 所示。

　　當天色暗時 CdS 之電阻值增大，V_{in} 亦增大，當 $V_{in} > V_H$ 時，TR$_1$ 即 ON 而 TR$_2$ OFF，此時 TR$_2$ 之集極輸出高電位，因此經 R_7 與 R_8 分壓後，在 R_8 兩端之電壓足以觸發 SCR（請一面看說明，一面參閱圖 12-1），使 SCR 導通，電燈泡亮。天色亮時，CdS 之電阻值減小，V_{in} 亦減小，當 $V_{in} < V_L$ 時，TR$_1$ 即 OFF 而 TR$_2$ ON，此時 TR$_2$ 之集極電壓甚低，因此 R_8 兩端之電壓亦甚低，不足以觸發 SCR，故 SCR 截止，電燈泡熄滅。

　　到底天色暗到何種程度才讓電燈泡點亮呢？這可隨個人之需要而加以調整。當可變電阻器 VR 的電阻值調大時，必須天色很暗電燈泡才會亮，若 VR 的電阻值很小，則天色稍暗電燈泡即明亮。

12-2　零件之選購、測試

0. **材料表**

　　圖 12-1 的詳細材料表，請見第 314 頁。

1. **電阻器**

　　(1)　各電阻器之電阻值如下：

$$R_1 = 4.7\text{K}\Omega \qquad R_6 = 100\Omega$$
$$R_2 = 2.2\text{K}\Omega \qquad R_7 = 6.8\text{K}\Omega$$
$$R_3 = 5.6\text{K}\Omega \qquad R_8 = 2.7\text{K}\Omega$$

$$R_4 = 10\text{K}\Omega \qquad R_9 = 10\text{K}\Omega$$

$$R_5 = 1\text{K}\Omega$$

(2) 除了 R_9 採用 1W 者外,其餘的電阻器均採用 1/4W 者即可。

(3) 若在當地買不到 1W 之電阻器,R_9 可採用兩個 20KΩ 1/2W 之電阻器並聯起來使用。

(4) 各電阻器均應以三用電表測量,以確保電阻值符合所需。

2. 可變電阻器

(1) 可變電阻器 VR 採用 100K(B) 者。

(2) 使用三用電表如圖 12-5 測量 VR 之中央腳與外側腳時,若將 VR 之轉軸平穩的旋轉,則三用電表之指針應平滑的偏轉。若三用電表的指針在某位置時突然作大幅度之偏轉,則為不良品。

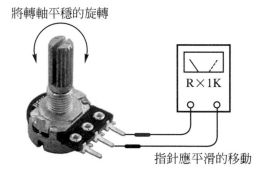

圖 12-5 可變電阻器之測試

3. 光敏電阻器

(1) 光敏電阻器 CdS,市售品直徑 5～15mm 之任一種皆可。

(2) 以三用電表如圖 12-6 測試時,電阻值應隨光線之強弱而變,若以手將 CdS 遮住,則指針應會逆時針方向偏轉。

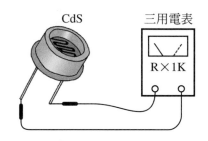

圖 12-6 光敏電阻器之測試

4. 二極體

(1) 整流二極體 D 應採用耐壓 200 伏特以上者,以 1N4003 最為廉宜。

(2) 稽納二極體 ZD (Zener Diode)採用 6.2V 500mW 者。

(3) 上述二極體均應使用三用電表測試,以確定沒有短路或斷路之故障。

5. 電容器

(1) 電容器 C 採用 470μF 16V 者。

(2) 需用三用電表 R×1K 檔測量,以確保良好。

6. **電晶體**

   (1) 凡是 NPN 型中、小功率之矽電晶體皆可作為 TR_1 及 TR_2。舉凡易購之 2SC1815、2SC1384、2N3569 等皆可。

   (2) 所用之電晶體一定要使用三用電表 R×1K 檔測試，確定其漏電小而且 β 值不很低。(註：判斷方法請參閱 138 頁的圖 1-11)

7. **SCR**

   SCR 可採用 C106B、C106D 或 CR2AM4 等易購者。其接腳圖及測試方法請見第 221 頁製作十一的圖 11-2 及圖 11-3 之說明。

8. **電燈泡及燈座**

   (1) 電燈泡採用 110V 者，電燈泡的瓦特數不得大於 200W。一般家庭裡所用之電燈泡均可適用。

   (2) 需購一個燈座，以方便電燈泡之接線。

   (3) 電燈泡裝於燈座上，然後從燈座接出兩條電線，將此兩引線直接通上 AC110V 之電源，以確定電燈泡是良好的。

12-3　實作技術

1. PC 板的設計圖示於圖 12-7 以供參考。在本圖中使用兩個 $20K\Omega \frac{1}{2}W$ 的電阻器取代圖 12-1 中那個 $10K\Omega \ 1W$ 的電阻器(即 R_9)，這是因為 $\frac{1}{2}W$ 的電阻器較易購得的緣故。

2. 把二極體 D、降壓電阻器 R_9、稽納二極體 ZD 及電容器 C 裝於 PC 板，完成圖 12-8 之部份。

3. 通上 AC 110V 電源。

4. 以三用電表 DCV 檔測量 C 兩端之電壓(參閱圖 12-8)，此時：

   (1) 若指示 DC6.2V 左右，則表示圖 12-8 之部份已動作正常。

   (2) 若三用電表的指針反轉，則二極體 D 已反接了，請立刻移走 AC 110V 之電源，並把二極體之方向接正確。

   (3) 若三用電表指示 DC 0.7V 左右，則稽納二極體 ZD 已反接了，移走 AC 110V 之電源後，把 ZD 的方向更正。

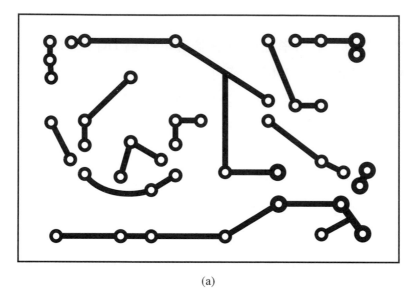

(a)

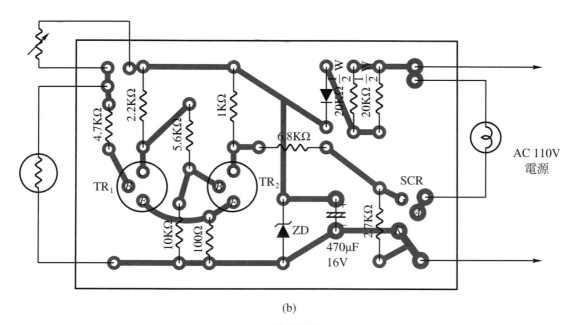

(b)

圖 12-7

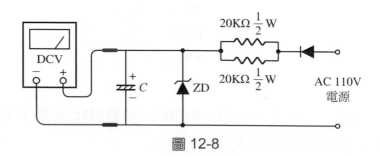

圖 12-8

5. 移走 AC 110V 電源後，把電燈泡、SCR、R_8 裝上。SCR 的三隻腳務必裝正確。

6. 通上 AC 110V 電源，此時電燈泡不應發亮。若電燈泡發亮表示 SCR 不良，應換掉。

7. 移走 AC 110V 電源後，把電阻器 R_5 及 R_7 均裝上。

8. 通上 AC 110V 電源後電燈泡應發亮，否則以三用電表 DCV 檔測量 R_8 兩端的電壓。

   (1)　若三用電表指示 1.5V 而電燈泡未亮，則為 SCR 的接腳與 PC 板間銲接不良。

   (2)　若三用電表指示 DC 0V，則 R_5 與 R_7 有銲接不良處或零件插錯位置，請仔細查查看。

   (3)　本步驟正常後繼續進行第 9 步驟。

9. 移去 AC 110V 電源後，把 R_2、R_3、R_4、R_6 及 TR_2 裝上。

10. 通上電源後電燈泡應不亮。若電燈泡發亮，表示第 9 步驟所裝之零件有銲接不良處或 TR_2 的三隻腳未接正確。(因為在選購零件時我們已使用三用電表測量並確定電晶體為良品，故於此不會有 TR_2 不良之故障。)

11. 第 10 步驟正常後，取一條三用電表之測試棒暫時跨接在 R_2 與 R_3 相接之處(即 PC 板上稍候要銲 TR_1 集極之處)及 TR_2 的射極，如圖 12-9 所示。此時電燈泡應發亮，否則為 TR_2 的接線有誤。

注意！手不可碰觸測試棒的金屬部份，否則可能觸電。

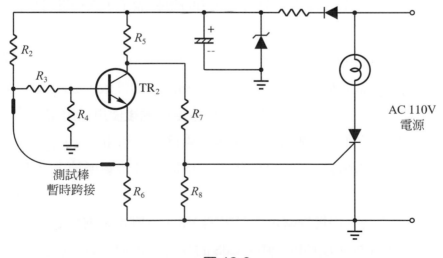

圖 12-9

12. 第 11 步驟正常後，移走電源，並把電晶體 TR_1 及電阻器 R_1 裝於 PC 板上。

13. 通上 AC 110V 電源後，取一條三用電表之測試棒，跨在圖 12-10 的①點與②點之間使之相通，電燈泡應發亮，若把測試棒改爲跨接在②點與③點(③點即爲電容器的 " − " 極)使②③點相通，則電燈泡應熄滅。假如本步驟未能正常動作，則爲 TR_1 的接腳裝錯或第 12 步驟所裝上之零件有銲接不良處。

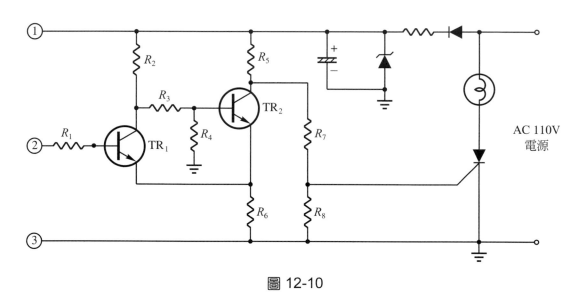

圖 12-10

14. 移走電源後，以導線把可變電阻器 VR 及光敏電阻器 CdS 裝至 PC 板。

   (1) **可變電阻器只使用中央腳及其中一隻外側腳**，另一隻外側腳空置不用。

   (2) 若點滅器的外殼係採用透明或半透明的塑膠盒子，則CdS可以直接銲在PC板上，不必以導線接到外殼的表面。

   (3) 可變電阻器亦可改用可調電阻器，以減少體積，並方便於直接銲在 PC 板上，但因可調電阻器沒有柄可供伸出點滅器的外殼，故調整上較爲不便。

15. 可變電阻器轉至電阻值最小的位置。(可**移走電源後**使用三用電表的 R 檔跨接在圖 12-10 所示之①②兩點加以確定後，再移走三用電表。)

16. 通上 AC 110V 電源後，電燈泡應發亮，否則第 14 步驟所接上之零件有銲接不良處。

17. 第 16 步驟正常後，慢慢旋轉可變電阻器 VR，直到電燈泡熄滅。

18. 用紙、布、手等物遮住 CdS，減少 CdS 的受光，電燈泡若能發亮，表示一切正常。否則，CdS 的引線有銲接不良處。

19. 移走電源，並把 VR 轉至圖 12-10 中的①②點間電阻值最大之處。

20. 待天色暗到你希望讓燈光點亮時，把燈光自動點滅器接上 AC 110V 電源，並慢慢旋轉 VR 使電燈泡剛好發亮。

21. 燈光自動點滅器已大功告成，可以天天爲你服務了。

22. 安裝時 CdS 不能被燈光自動點滅器所控制的那盞燈近距離照射。否則，天暗時燈光自動點滅器將電燈泡點亮，CdS 被照射後誤認爲天已亮，因此燈光自動點滅器就把燈熄滅，燈光熄滅後室內恢復黑暗，燈光自動點滅器又點燈，如此反復動作則燈光會一閃一爍的忽明忽滅。務請特別留意。

13

CH

可調式穩壓電源供應器

　　對於時常做電路實驗或檢修電子電路的人，他可能今天需要 9V 的電源，明天需要 3V 的電源，後天卻需要 24V 的電源。因此除了電烙鐵和三用電表之外，一部性能比製作一更完備的電源供應器，亦是不可或缺的設備。

　　市售的電源供應器，性能較完備的，售價都頗昂，因此業餘者多喜好自製。本製作之電路是筆者特別為初學者設計的，供應電壓可以由 0V～30V 自由調節，限流保護可以由 0A～2A 任意調節，電路中的每一個零件均發揮了最大的效用，決無畫蛇添足的零件，可讓初學者在經濟及易製的原則下完成一部精簡優良的電源供應器。

 13-1　電路簡介

　　本製作之電路如圖 13-1 所示。

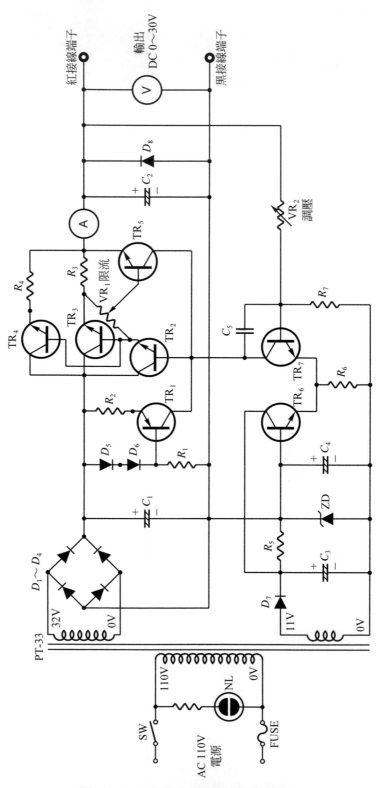

圖 13-1　可調式穩壓電源供應器

　　AC110V的電源經變壓器降至 AC32V 再經 $D_1 \sim D_4$ 整流，並經 C_1 濾波後得到 32 ×1.4＝45 伏特的直流電壓，作主電源。變壓器的另一組線圈提供 AC11V 的電壓，經 D_7 整流並由 C_3 濾波後，得到 11×1.4＝15V 的電壓，為了使本製作之特性良好，故此 DC 15V 的電壓經 R_5 及 ZD 穩壓後供應一個 DC 9.1V 的穩定電壓，作為副電源。(只供電源供應器本身之需，不負擔負載電流者稱為副電源。)

　　二極體 D_5、D_6、電阻器 R_1、R_2 及電晶體 TR_1 組成之電路如圖 13-2 所示，是一個電流源。因為 D_5 和 D_6 在順向偏壓下，每個都產生 0.7 伏特的穩定電壓，故 $V_B = 0.7 × 2 = 1.4$ 伏特，但 $V_E = V_B - V_{BE} = 1.4 - 0.6 = 0.8$ 伏特，且 $I_E = \dfrac{V_E}{R_2}$，所以 $I_E = \dfrac{0.8}{R_2}$。由於 $I_E = I_B + I_C \doteqdot I_C$ (因為 I_B 甚小於 I_C，故 I_B 可忽略)，所以 $I_C = \dfrac{0.8}{R_2}$；換句話說，只要 R_2 值固定不變，I_C 必定是一個恆定值。

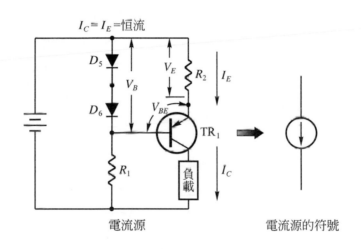

圖 13-2

　　或許有的讀者會認為使用圖 13-3(b) 這種常見的接法較省事，採用圖 13-3(a) 這種有電流源的電路實在麻煩多了。不錯，採用圖 13-3(b) 的方式照常能夠動作，但卻無法得到優異的特性。

　　圖 13-1 中，TR_3 和 TR_4 並聯後與 TR_2 組成達靈頓電路，以提供大的負載電流。TR_5 是作為限流保護之用，只要 TR_5 的 B－E 間電壓達到 0.6V，TR_5 即進入導電狀態而起限流保護作用。(限流保護電路之動作原理，已詳述於製作一，於此不再贅述，請自行參考第 132 頁的說明。)

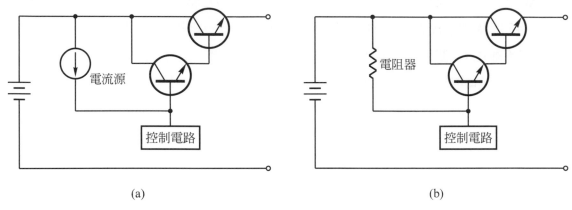

(a)   (b)

圖 13-3　電源供應器簡圖

R_3 與 R_4 稱爲 "均流電阻器"。若省略 R_3 與 R_4，則因 TR$_3$ 與 TR$_4$ 的特性無法完全相同，故 TR$_3$ 和 TR$_4$ 並聯後，不會平均分擔負載電流。

TR$_6$ 與 TR$_7$ 組成之電路，稱爲差動放大器。它能改進電源供應器的穩定性，並克服溫度對電路的影響。其次，在差動放大器中，TR$_7$ 的基極電壓會自動追踪 TR$_6$ 的基極電壓，如圖 13-4 所示。在圖 13-4 中因爲 $V_1 = V_Z \times \dfrac{R_7 + VR_2}{R_7}$，且輸出電壓 $V_0 = V_1 - V_Z$，因此 $V_0 = V_Z \times \dfrac{R_7 + VR_2}{R_7} - V_Z$ 則當 $VR_2 = 0\ \Omega$ 時 $V_0 = 0$ 伏特，使本製作的最低輸出電壓可低達 0 伏特。

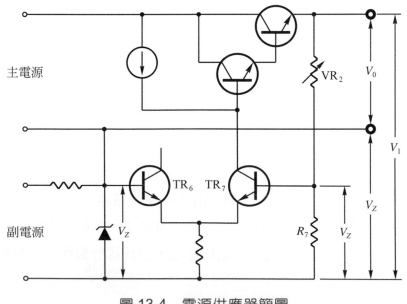

圖 13-4　電源供應器簡圖

　　圖 13-1 中之 C_2 是用以進一步降低電源供應器之輸出阻抗，使穩壓特性更為優異。C_5 則用以預防電路產生高頻振盪。

　　二極體 D_8 在電源供應器裡是一個很重要的零件。往往有許多人在試驗電感性較重的電路時，電源供應器莫明其妙的就燒毀了，這就是不曉得裝上 D_8 的結果。裝上 D_8 可以消除電感性負載所產生的大感應電勢，雖然初期投資多了數元的新台幣，但多花費這區區數元仍遠比日後不幸的事情發生時再麻煩的更換電晶體與檢修有關電路的成本為少(有些市售的電源供應器並未在輸出端並聯消除反電勢之二極體，若讀者已購買了電源供應器，奉勸你最好仔細瞧瞧，並為它裝上一個，否則日後你會後悔)。

13-2　零件之選購、測試

0. 材料表

　　圖 13-1 的詳細材料表，請見第 315 頁。

1. 電源線

(1)電源線購買最易購得的 AC 125V 6A 者即可。

(2)以三用電表如 139 頁的圖 1-14 測試，以確保良好。

2. 電源開關 SW

(1)　電源開關可隨個人之喜好而選用搖頭開關或滑動式開關或按鈕開關。

(2)　以三用電表如 140 頁的圖 1-15 測試，當開關 ON 時三用電表應指示 0Ω，開關 OFF 時應為 $\infty\Omega$。

3. 保險絲及保險絲筒

(1)　保險絲(FUSE)採用 1A 之管狀保險絲。

(2)　保險絲筒是用以安裝管狀保險絲。

(3)　管狀保險絲需以三用電表如 140 頁的圖 1-16 測試。正常的管狀保險絲應為 $0\,\Omega$；若三用電表之指針不偏轉，表示該保險絲已斷路。

4. 電源變壓器

(1)　由基礎編 50 頁的表 1-7-1 我們查得三立牌PT-33 的規格如圖 13-5 所示，符合我們的需求。

(2) 也許在府上附近的電子材料行裡買不到三立牌的變壓器,不過,電源變壓器並不一定非選用三立牌的 PT-33 不可,任何廠牌的製品凡是規格符合所需者皆可採用。

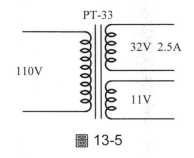

圖 13-5

(3) 在標明 110V 的那組線圈實際加上 AC 110V 之電源,並以三用電表測量其次級線圈,以確定電壓有一組是 AC 32V,別一組為 AC 11V。

(4) 電源變壓器繼續通電 10 分鐘後,拔掉電源插頭,並以手摸摸電源變壓器,應無明顯的溫升,否則為電源變壓器的品質不良。

(註:電源變壓器在通電時,若發出哼……哼的聲音,也是品質不良。)

5. 二極體

(1) $D_1 \sim D_4$ 及 D_8 採用 3A 50V 者,常見的編號為 1N5400。

(2) $D_5 \sim D_7$ 採用最廉價的 1N4001 (1A 50V)即可。

(3) 所購之二極體均需以三用電表 R×1K 檔測試,以確保無短路、斷路等故障。

6. 稽納二極體 ZD

(1) 稽納二極體採用 9.1V 250mW 或 500mW 者均可。

(2) 需以三用電表 R×1k 檔測試,以確保無短路、斷路等故障。

7. 電晶體

(1) TR_1 採用 2SA684 或 2N4355 或任何 $V_{CEO}>40$ 伏特之 PNP 型矽電晶體均可。

(2) TR_2、TR_6、TR_7 可使用 2SC1384 或 2N3569 或 2N3053 等耐壓(V_{CEO})超過 50 伏特之 NPN 型矽電晶體。

　　註:雖然 TR_6 可使用耐壓較低之電晶體,但為維持 TR_6 與 TR_7 所組成之差動放大電路的優異特性,因此我們採用兩個相同編號之電晶體作 TR_6 和 TR_7。

(3) TR_5 並無任何需特別留意之處,凡是 NPN 型矽電晶體皆可勝任。舉凡 2SC1815、2SC1384、2N3569 等皆可。

(4) TR_3 和 TR_4 為大功率電晶體,採用易購價廉的 2N3055 即可。另外,必須購買一塊大型散熱片(可裝兩個 TO-3 型電晶體之散熱片,請參考圖 13-15)以供 TR_3 和 TR_4 散熱。

(5) 所有的電晶體均應以三用電表 R×1K 檔測試，以確保漏電很小，而且 β 值不很低。

8. 電容器

(1) 各電容器之規格如下：

$C_1 = 2200\mu F$ 　　　　50V(架式)

$C_2 = 100\mu F$ 　　　　35V(立式)

$C_3 = 220\mu F$ 　　　　25V(立式)

$C_4 = 100\mu F$ 　　　　16V(立式)

$C_5 = 0.022\mu F$ 　　　50V(塑膠薄膜或陶瓷)

(2) 各電容器若在當地的電子材料行無法買到規格完全相同的，可以買相近的來使用。但需把握住一個原則：電容量可以買稍大的，不可過小；耐壓可以買高一些的，不可過低。

9. 可變電阻器

(1) VR_1 是作為限流值的改變之用，採用 $1K\Omega(B)$ 之可變電阻器。

(2) VR_2 是改變輸出電壓之用，採用 $10K\Omega(B)$ 之可變電阻器。

(3) 可變電阻器的①②腳間及②③腳間以三用電表 ×10 檔測試，並慢慢的轉動可變電阻器的轉軸時，三用電表的指針應能平滑的偏轉。若三用電表的指針不動或在中途有大幅度的跳動，表示該可變電阻器的品質不良。

10. 電阻器

(1) 各電阻器之規格如下：

$R_1 = 10K\Omega$ 　　　　　$R_5 = 430\Omega$

$R_2 = 270\Omega$ 　　　　　$R_6 = 1.5K\Omega$

$R_3 = 0.5\Omega$ 　　　　　$R_7 = $ 請見圖 13-6 之說明

$R_4 = 0.5\Omega$ 　　　　　$R_x = 1K\Omega(備用)$

(2) 以上各電阻器除了 R_3 和 R_4 不得小於 1W 外，其餘各電阻器可使用 $\frac{1}{4}$W 或 $\frac{1}{2}$W 者。

(3) 在理論上，當 $R_7 = 3K\Omega$ 時，輸出電壓 V_O 的最大值恰好符合我們所預定的 "30 伏特"，但是我們所購得之零件都有些許誤差存在，因此當 $R_7 = 3K\Omega$ 時，最大輸出電壓可能會略高於 30V (例如：31V)也可能略低於 30V (例如：29V)。為了確保

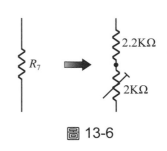

圖 13-6

本電源供應器之最高輸出電壓恰為 30 伏特，因此在實際製作時，我們是以圖 13-6 之方式作為 R_7，$2K\Omega$ 的可調電阻器是選用二腳者。

(4) 各電阻器均需以三用電表測試，以確保電阻值符合所需。

(5) 可調電阻器以三用電表測試，若以起子慢慢的旋轉改變其電阻值時，三用電表的指針能平滑偏轉，表示該可調電阻器為良好者。

11. 其他零件

(1) 需購買接線端子(博士端子或香蕉插座)、香蕉插頭、鱷魚夾等黑色、紅色各 1 個，以方便電源供應器與負載間之連接。

(2) 需準備一段花線，以供連接香蕉插頭與鱷魚夾。

(3) 氖燈NL 係作為電源指示燈。購買時宜選購AC 120V 者(內部已串聯 100KΩ 之限流電阻器)以方便接線，若是買 60V 之氖燈則需如圖 13-1 所示自己串聯一個 100KΩ 1/4W 的電阻器。

(4) 最好能購買 DC 30V 之電壓表與 DC 2A 之電流表各 1 個，以方便使用。
　　註：若當地的電子材料行買不到 DC 2A 之電流表，請改買 DC 3A 之電流表來用。

(5) 需購買一個機箱，做為電源供應器的外殼。型式可參考 82 頁的圖 1-9-18。目前市面上有專供電源供應器使用之機箱出售，已事先開好電壓表及電流表之安裝孔，用起來更方便。

(6) 需購買 2 個塑膠旋鈕，裝在可變電阻器 VR_1 與 VR_2 的轉軸上。

13-3　實作技術

1. 圖 13-7 爲本製作之 PC 板設計圖，可供參考。PT-33、$D_1 \sim D_4$、C_1、C_2、TR_3、TR_4、VR_1、VR_2、電源開關、保險絲、接線端子、D_8、電壓表、電流表等並不裝在 PC 板上，而是事先即直接固定在機箱上。

   註：假如您所購之電容器 C_1 爲臥式或立式，則請您自己修改圖 13-7，把 $D_1 \sim D_4$ 及 C_1 都裝在印刷電路板上。

2. 圖 13-7(b)必須配合圖 13-8 裝配。兩圖中同一編號之點必須以導線連接在一起，例如：圖 13-8 的①點必須與圖 13-7(b)的①點相接，圖 13-8 的②點必須與圖 13-7(b)的②點相接，依此類推。

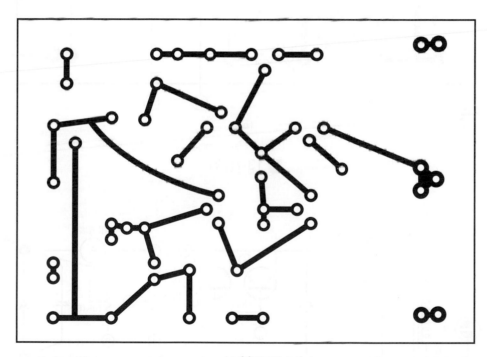

(a)

圖 13-7

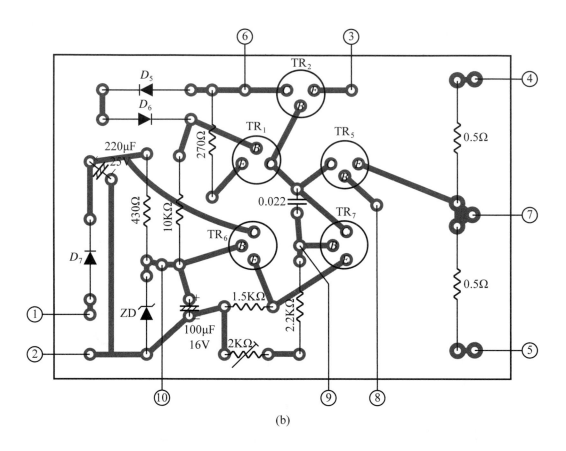

(b)

圖 13-7(續)

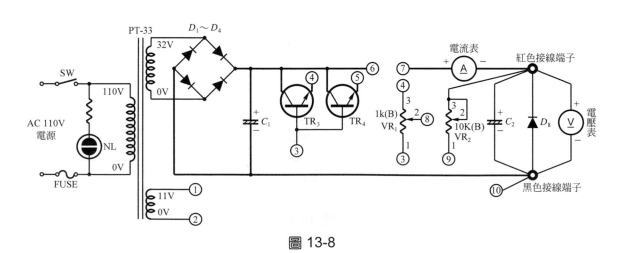

圖 13-8

注意！圖 13-8 中畫粗線者必須以 19 心以上之 PVC 多蕊線(或花線)連接，不得使用單心線連接。

3. 將電源開關 SW、保險絲 Fuse、電源線、電源指示燈 NL 等與電源變壓器 PT-33 依電路圖裝配好。然後把 D_7 及 C_3 裝於 PC 板上，並以導線把 PT-33 的 AC 11V 接至 PC 板。

4. 插好插頭，並將電源開關 ON，使 PT-33 通上 AC 110V 電源。此時電源指示燈 NL 會發亮，表示電源正常。然後用三用電表 DCV 檔如圖 13-9 測量 C_3 兩端之電壓，應能獲得 DC 15V 的電壓($11V \times 1.4 = 15$ 伏特)，否則如下檢修：

   (1)   若三用電表的指針完全不動，表示第 3 步驟有配線錯誤處，仔細檢查並更正之。

   (2)   若三用電表的指針倒轉，表示二極體裝反了，立即關掉 AC 110V 電源，並把二極體的方向改正。

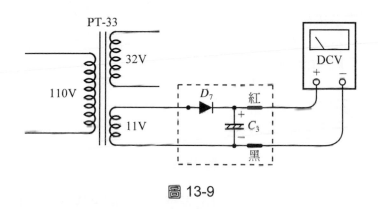

圖 13-9

5. 移走 AC 110V 電源後，在 PC 板裝上 R_5、C_4 及 ZD。

6. PT-33 再度通上 AC 110V 電源，此時以三用電表 DCV 檔測之，C_4 兩端應為 DC 9.1V，否則

   (1)   若 C_4 兩端為 DC 0V，則有銲接不良處。

   (2)   若測得之電壓值為 DC 0.7V，則為稽納二極體 ZD 反接了。將其方向更正。

   (3)   測得 3V～15V 但不等於 9.1V，則 ZD 銲接不良(測得 15V 時)，或所購之 ZD 並不是 9.1V 之稽納二極體。

7. 移走電源後，把 TR_6 及 R_6 裝好。TR_6 的接腳一定要裝正確。

8. 再度通上電源，並以三用電表 DCV 檔測之，R_6 兩端之電壓應為 DC 8.5V，TR_6 的 V_{CE} 則應為 DC 6.5V。若非如此，則第 7 步驟之接線有誤，需仔細查之並更正。

   說明：

(1) R_6 兩端之電壓為 ZD 兩端之電壓 9.1V 減掉 TR_6 的 B-E 間壓降 0.6V，所以等於 8.5V。

(2) TR_6 的 V_{CE} 等於 C_3 兩端之電壓 15V 扣掉 R_6 兩端之電壓 8.5V，因此為 $15-8.5=6.5V$。

9. 移走電源。

10. 把二極體 $D_1 \sim D_4$ 架設在 C_1 的上方，然後以導線把 PT-33 的 AC 32V 接至二極體，完成主電源。如圖 13-10 所示。

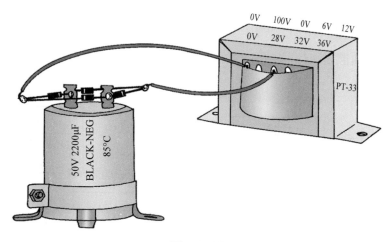

圖 13-10

11. 通上電源後如圖 13-11 測試，三用電表應指示 DC 45V ($32 \times 1.4 = 45$ 伏特)。若三用電表的指針倒轉或指示 DC 0V，則立即拔掉插頭，仔細檢查 $D_1 \sim D_4$ 之接線，並更正之。

12. 第 11 步驟正常後，移走電源並在 PC 板裝好 D_5、D_6、R_1、R_2、TR_1 等零件，完成電流源電路。(注意：TR_1 是本製作中唯一的一個 **PNP** 電晶體，不要拿錯了。)

13. 在 C_1 的 "正端" 接一條導線至 PC 板的⑥點，然後在 C_1 的 "負" 端接一條導線至 PC 板的⑩點。

14. 在 TR_1 的集極與 PC 板的⑩點間暫時接上 R_x(1KΩ)電阻器。

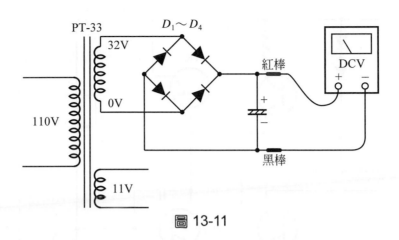

圖 13-11

15. 通上電源，然後如下述方法檢查：

 (1) 若此時 R_x 或 R_2 冒煙，立即去掉電源，並仔細查查看到底是 D_5、D_6 的方向裝反了或是 TR_1 的接腳有誤。

 (2) 若 R_x 及 R_2 均安然無恙，則以三用電表 DCV 如圖 13-12 測量 R_x 兩端之電壓，正常者應為 DC 3V。(依據圖 13-2 之說明，可知本製作之電流源設計為 $0.8V \div 270\Omega = 3mA$，故此 3mA 之電流經過 $R_x = 1K\Omega$ 時會在 R_x 兩端產生 $3mA \times 1k\Omega = 3$ 伏特之電壓。)若三用電表指示 DC 0V，則需看看 TR_1 及 R_1 是否有虛銲或接錯位置。

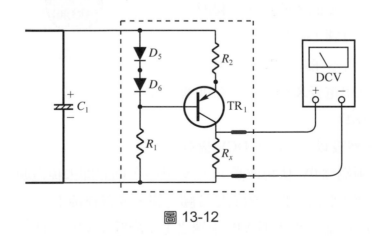

圖 13-12

16. 第 15 步驟正常後、移去電源，並拆除 R_x，然後進行第 17 步驟。

17. 把 TR_2、TR_7、R_7、C_5 均裝好，並把 $VR_2 = 10K(B)$ 暫時銲在 TR_2 的射極(即 PC 板的③點)與 TR_7 的基極(即 PC 板的⑨點)之間，完成圖 13-13 虛線方框內之部份。

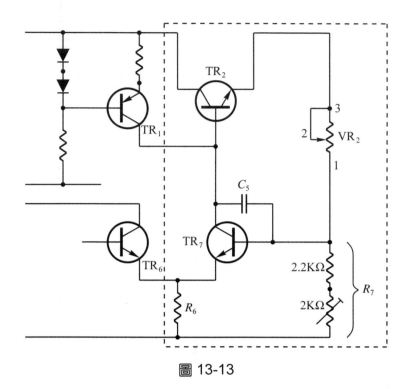

圖 13-13

說明：

(1) 製作時 VR_2 只引出兩條導線(7
心以上之導線)，2、3 腳間直接
用一段剝皮的導線銲在一起即
可，詳見圖 13-14。

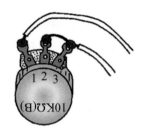

圖 13-14

(2) 可調電阻器在銲至 PC 板之前，
需以三用電表 R×10 或 R×100 檔測量，並以小起子調整。使其電阻值大
約為 1KΩ。

18. 通上電源，然後以三用電表 DCV 檔測之：

(1) 若 R_7 兩端為 0V 伏特或高出 9.1V 甚多，則立即去掉電源，並仔細檢查第
17 步驟所裝之零件，到底是接腳有誤，或有銲接不良處。

(2) 假如 R_7 兩端為 9.1V 且 VR_2 兩端之電壓能夠隨 VR_2 之轉動而在 0 伏特至 20
多伏特之間變動，則正常。

19. 去掉電源後把 VR_2 拆離 PC 板。

20. 把 TR_3 及 TR_4 固定在十瓣型散熱片上。固定螺絲要鎖緊。如圖 13-15。

21. 以導線將 TR_3 及 TR_4 的基極連接起來。

22. 以 19 心以上之絞線把 TR_3 和 TR_4 的集極連接起來。

23. 使用 19 心以上之絞線或花線把 TR_3 和 TR_4 的 B、E、C 極依圖 13-8 作適當的連接。

圖 13-15

24. 到目前尚未派上用場的那兩個 0.5Ω 的電阻器為 R_3 及 R_4，將其裝於 PC 板。

25. 把 VR_2 暫時銲在 PC 板的⑦⑨兩點間。

26. 通上電源後以三用電表 DCV 測量 PC 板的⑦⑩兩點間之電壓(三用電表的正棒接⑦點，負棒接⑩點)，此電壓應能隨 VR_2 之轉動而在 0 伏特至 20 多伏特間改變。否則，第21～25步驟所裝上去的那少數零件接線有誤，需仔細查出並更正。

27. 至此，本電源供應器已快完成了。加油，勝利的時刻即將來到。

28. 把電源 OFF 後，將 VR_2 銲在⑦點之線拆離⑦點。

29. 把 VR_1 及 TR_5 接好。在圖 13-8 中已標明 VR_1 的第 1 腳應接至 PC 板的③點，第 3 腳則接至PC板的④點，可變電阻器的這兩隻接腳不可反接。VR_1 的第 2 腳則接至⑧點。

30. 用 PC 板隔離柱把 PC 板固定在機箱(PC 板需離機箱底部 0.5 公分以上，不得直接密貼在金屬機箱的底部，否則會形成短路)，十瓣型散熱片亦固定在機箱，然後以 19 心以上之絞線或花線把⑦點接至電流表Ⓐ 的 "＋" 端，再由電流表Ⓐ 的 "－" 端接一條導線至 "紅色接線端子"。

31. 由 C_1 的負極接一條 19 心以上之導線至 "黑色接線端子"。

32. 把 C_2 直接跨接在兩個接線端子之間。(C_2 的正極接在紅色接線端子，C_2 的負極接在黑色的接線端子。)

33. 電壓表Ⓥ 的 "＋" 端接一條導線至紅色接線端子，"－" 端接一條導線至黑色接線端子。

34. 將 VR_2 於第 28 步驟時拆離⑦點的那條導線銲接在紅色接線端子。

35. 把 VR_1 轉至中央位置，VR_2 逆時針旋轉到底，然後通上電源。

36. 順時針慢慢旋轉 VR_2 則電壓表之指針會隨之從 0V 開始往順時針方向偏轉。在 VR_2 順時針旋轉到底時，以小起子稍微調整 PC 板上的"可調電阻器"，使電壓表的指示恰為 30 伏特。

37. 旋轉 VR_2 使電壓表指示 10 伏特(電壓表指示值即為紅、黑兩接線端子間之輸出電壓)然後拿 1KΩ的電阻器(R_x)暫時跨接在紅黑兩接線端子之間。

38. 把 VR_1 逆時針旋轉到底，電壓表之指示值應該會下降(電壓表的指示值會下降表示限流保護電路能正常工作)。否則為第 29 步驟所接上之 TR_5 或 VR_1 接線有誤，需仔細查出，並更正。

39. 將電源 OFF 後，把第 37 步驟所跨接的 1KΩ電阻器 R_x 拿掉，然後把 D_8 銲在兩個接線端子之間。(D_8 的方向要接正確，否則會把兩個接線端子短路起來，使輸出電壓無法高於 0.7 伏特。)

40. 蓋上機箱蓋後，把旋鈕裝在可變電阻器的轉軸，本機已大功告成，此後本電源供應器將日夜相伴，長期為你服務了。

41. 本電源供應器之使用方法如下：

    (1) 限流保護之控制：用一條導線把兩個接線端子暫時跨接起來(即暫時把兩個接線端子短路起來)，然後旋轉 VR_1 使電流表指示一個電流值(此值即為短路保護之限流值，可視自已之需要而決定其值之大小)。調好限流值後把所跨接的短路導線拿掉。

    (2) 輸出電壓的控制：旋轉 VR_2 使電壓表指示出你所需要的電壓，此時兩個接線端子間即能提供你所需的電壓。

       例：現在你要實驗某電路，需要 9V 之電源，則只要你旋轉 VR_2 使電壓表 V 指示 9V，本電源供應器即等於一個完美的 9V 電池。

14 全自動充電器

由於國民生活水準的提高，國人出門多以車代步，因此機車幾乎成為家家戶戶必備之交通工具。但是機車內之蓄電池(亦稱為電瓶)在使用一段時日後，除了必須補充蒸餾水外(若使用密閉式免保養蓄電池，則不必補充蒸餾水)，亦需加以充電，否則會產生燈光昏暗、不易發動等弊病，本製作即為 6V 蓄電池之充電而設計，在蓄電池充電完畢時能夠自動斷電，以免過度充電而損壞蓄電池。

除了機車上的 6V 蓄電池外，任何作為其他用途之 6V 鉛酸蓄電池(例如：閃光燈、手提充電燈等之 6V 蓄電池)均可利用本充電器作全自動充電。

 ## 14-1 電路簡介

充電器有兩種型式，一為恆壓充電，一為恆流充電。

恆壓充電器之簡圖如圖 14-1 所示。由於剛開始時 E_B 較小，因此充電電流過大，蓄電池的電極板易因過熱而受損。在充電末期，由於 E_B 的升高，充電電流減少，因此充電速度降低，延長充電時間。恆壓充電法的最大優點就是電路簡單，充電器的價格低廉。但是充電初期的過熱會縮短蓄電池的壽命。

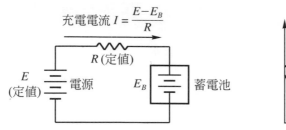
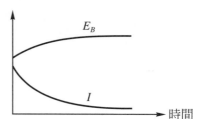

圖 14-1　恆壓充電

　　一些汽、機車修護廠為了消除恆壓充電法之缺點，因此改用圖 14-2 之電路作恆流充電，這個電路與圖 14-1 不同之處在於電路中使用了可變電阻器，並且串聯一個電流表以監視充電電流。在剛開始充電時 E_B 較小，所以 R 轉至較大處，以避免充電電流過大，充電期間每隔一段時間師傅必須查看電流表一次，若電流因 E_B 之上升而降低，就趕快轉動可變電阻器使電阻值 R 減小，以保持充電電流之恆定。這種恆流充電法雖然能夠延長蓄電池的壽命，但卻需有人在旁照顧，因此較為費事。

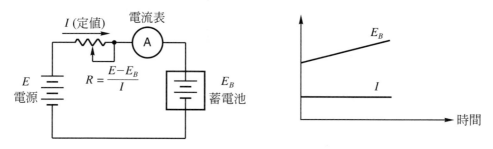

圖 14-2　恆流充電

　　本製作之電路如圖 14-3 所示，此電路具有恆流充電之功效，而且完全不需有人在旁照料，只要把欲充電之蓄電池接上，並把充電器之電源接上，即能開始恆流充電，蓄電池充飽時就自動斷電，既省時又省事。

　　圖 14-3 中之恆流源由 TR_1、TR_2、TR_3 及 R_1、R_2 所組成，如圖 14-4 所示。電晶體 TR_3 有維持 $V_{BE} = 0.6$ 伏特之功用。當蓄電池的充電電流 I_1 有超過 $\dfrac{0.6}{R_2}$ 之趨勢時，TR_3 的導電量即增大，令 I_2 增大，I_B 減小，把 I_1 壓抑下來；在充電電流 I_1 有小於 $\dfrac{0.6}{R_2}$ 的趨勢時，因為 R_2 兩端的壓降減小，TR_3 的導電量降低，因此 I_2 減小，I_B 增大，阻止充電電流的降低。

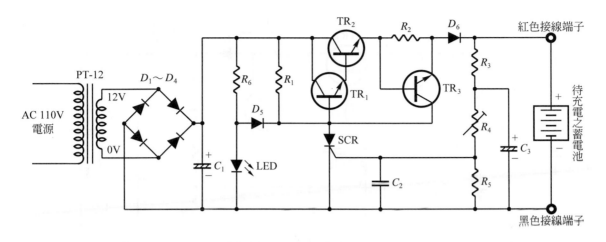

圖 14-3　全自動充電器

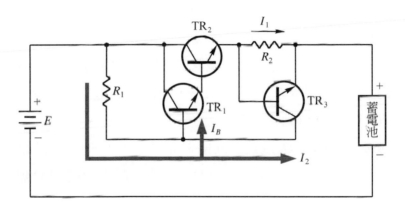

圖 14-4

由於 TR_3 的自動控制作用，使充電電流恆維持在 $\dfrac{0.6}{R_2}$ 安培，因此只要採用適當的 R_2 值即能使恆流源合乎我們的需求。依據經驗，一般 6V 蓄電池之容量(AH；安培小時)不大，因此其充電電流不宜大於 1 安培，換句話說，R_2 不得小於 $\dfrac{0.6V}{1A}=0.6$ 歐姆。

圖 14-4 中之電源 E 在圖 14-3 中係利用電源變壓器 PT-12 把 AC 110V 之家庭用電降至 AC 12V，經 $D_1 \sim D_4$ 整流後再經 C_1 濾波而得。

那麼，當蓄電池充電完畢時，如何自動斷電，以免因充電過度而縮短蓄電池之壽命呢？蓄電池剛充飽電時之狀態如圖 14-5 所示，茲說明如下：

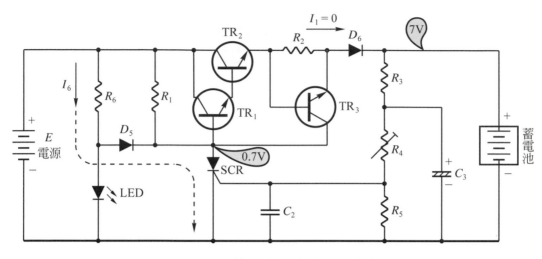

圖 14-5　蓄電池剛充飽電之狀態

1. 在蓄電池恰好充飽電時，兩端的電壓會高達 7 伏特。

2. 此 7 伏特之電壓經過 R_3、R_4、R_5 分壓後，在 R_5 兩端之電壓恰好足以觸發 SCR。

3. SCR 受觸發後，其 AK 間會進入導電狀態。SCR 導通後，$V_{AK} \fallingdotseq 0.7$ 伏特，此時 TR_1 及 TR_2 的 B-E 極間及 D_6 為逆向偏壓，因此兩個電晶體均進入截止狀態而令充電電流消失($I_1 = 0$)自動停止充電。

4. 在 SCR 導通後，二極體 D_5 成為順向偏壓而導通，本來由 R_6 供應至 LED 之電流 I_6 全部流經 D_5 及 SCR 而不再通過 LED，因此充電指示燈 LED 熄滅，表示蓄電池已充電完畢而自動停止充電。

5. 電容器 C_2 及 C_3 是為了避免雜波觸發 SCR 產生誤動作而設。

6. 在充電時，蓄電池會不斷的冒氣泡，但自動停止充電後，氣泡即慢慢的消失，蓄電池的端電壓也降至只剩 6.6 伏特左右。雖然此時 R_5 兩端的電壓已不足以繼續觸發 SCR，但是 SCR 在被觸發後會自己保持導通之狀態，如圖 14-5 所示之狀態會一直維持下去，直至電源插頭被拔掉為止。

 ## 14-2　零件之選購、測試

　　本製作所需各零件之選購要領如下所述。選購時，每個零件均需以三用電表依照你在前面各製作中已學會之測試要領一一測之，以確定無不良品。

0. **材料表**

圖 14-3 的詳細材料表，請見第 317 頁。

1. **電源線**

選用最便宜的 AC 125V　6A 電源線即可。

2. **電源變壓器**

凡是 AC 110V：12V 且電流規格大於 1A 者皆適用。目前以 PT-12 最易購得。

3. **二極體**

$D_1 \sim D_4$ 及 D_6 只要是 1A 的二極體均適用，以 1N4001 最易購得。

D_5 使用 1N60 或其他鍺二極體均可。此處之所以選用鍺二極體，是因為它在順向偏壓時，電壓降較小。若當地的電料行規模太小，無法購得 1N60，以 1N4001 代替亦無大礙。

4. **電容器**

$C_1 = 1000\mu F\ 25V$ 之電解電容器

$C_2 = 0.1\mu F\quad 50V$ 之塑膠膜電容器或陶瓷電容器

$C_3 = 100\mu F\quad 16V$ 之電解電容器

5. **電阻器**

$R_1 = 1K\Omega\ 1/4W$

$R_2 =$ 使用兩個 $1.5\Omega\ 1/2W$ 者並聯起來

$R_3 = 3.3K\Omega\ 1/4W$

$R_4 = 5K\Omega$ 之可調電阻器

$R_5 = 470\Omega\ 1/4W$

$R_6 = 1K\Omega\ 1/4W$

6. **LED**

發光二極體 LED 應選購附有固定座者，以方便於固定在機箱上。

7. **SCR**

只要額定電流大於 0.2A 之 SCR 均適用。諸如 2SF101、2AM4、C106B……等易購者均可勝任。

8. **電晶體**

TR_1 及 TR_3 均選用 2N3569 或 2SC1384。

TR_2 為大功率電晶體，以 2N3055 最為廉宜。

9. **散熱片**

TR_2 必須以散熱片散熱，以免溫度過高。電子材料行有專供單一個 2N3055 用之 TO-3 型電晶體散熱片可供選購。

10. **接線端子**

本製作與蓄電池之間是靠接線端子作連接，故需購買紅色接線端子及黑色接線端子各一個。

11. **機箱**

電子材料行有各種不同大小之機箱可供選購，只要自己覺得合用的即可。

12. **保險絲**

本製作於試驗功能時必須利用到 1A 之保險絲，故需購買一個 1A 之管狀保險絲備用。

14-3 實作技術

1. 全自動充電器之 PC 板設計圖示於圖 14-6 以供參考。

2. 依照製作一的"實作技術第 2～6 步驟"所述之要領把 PT-12、D_1～D_4、C_1、電源線等各零件裝好。

3. 在 PC 板裝上 R_6 並以適當長度之導線把 LED 接至 PC 板。(LED 係固定於機箱上作指示用)

4. 電源線插上 AC 110V 之電源時，LED 應發亮，否則為

   (1)　LED 的方向裝反了。

   (2)　R_6 或 LED 銲接不良。

5. 移去電源後把 R_1、D_5、SCR 及 C_2、R_5 均裝好。

6. 通上電源後，LED 應發亮。否則第 5 步驟所裝上之零件有誤，需查出並更正。

7. 以一條導線(可以利用三用電表的任一條測試棒為之)暫時把 SCR 的 AG 兩腳短路後，LED 應熄滅，移走 AG 間的短路線後，LED 應繼續維持熄滅之狀態。

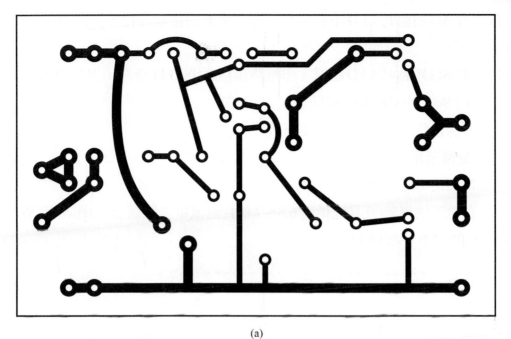

(a)

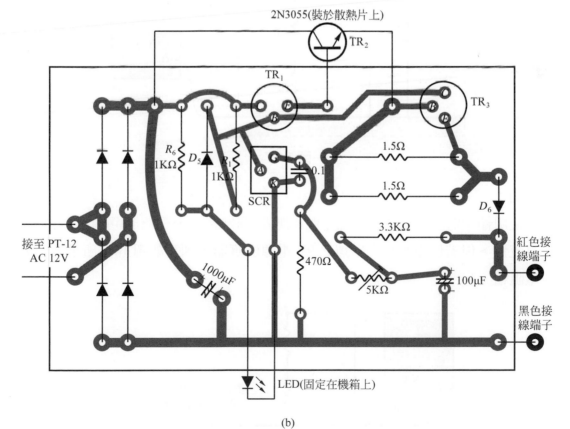

(b)

圖 14-6

(1) 若 AG 短路時 LED 不會熄滅，表示 SCR 的接腳銲接不良或 D_5 的方向裝反了。

(2) 若 AG 短路時 LED 熄滅，但短路線移走後 LED 發亮，表示 SCR 不良或你把 SCR 的 GK 兩腳接反了。

8. 移走電源後將 R_3、C_3、R_4 都裝好。

9. 把 R_4 旋轉至電阻值最大處。

10. 通上電源使 LED 發亮。

11. 拿一台電源供應器(凡是能供應 6.8～7 伏特直流電之裝置皆可)在 R_3 與 R_5 間加上 7 伏特的電壓，如圖 14-7 所示。

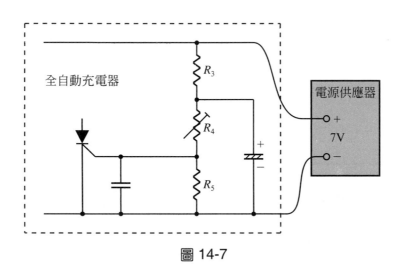

圖 14-7

說明：

若使用輸出電壓可隨意調整之電源供應器(例如製作十三)，則可直接取得 7V 之直流電。但若使用製作一所述之 9V 電源供應器，則需如圖 14-8 所示裝上分壓電阻器。

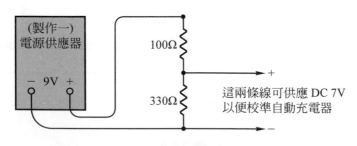

圖 14-8　由 9V 之電源獲得 7V 之方法

12. 以小起子"慢慢的"調整 R_4，至 LED 剛熄滅時即移走小起子。

13. 本自動充電器已校準完畢(此後不得再任意轉動 R_4)，移走電源供應器，並把自動充電器的插頭拔離插座。

14. 裝上 TR_1 及 TR_2 (TR_2 需裝在散熱片上)，然後把充電器再度通上 AC 110V 之電源。

15. 以三用電表的 DCV 檔測之，TR_2 的射極與 C_1 的負極間應有 14～15V 之電壓，否則第 14 步驟所裝之電晶體接腳有誤，必須更正。

16. 移去電源後把 R_2、D_6 及 TR_3 正確的裝於 PC 板上，並由 PC 板銲兩條導線至機箱的紅、黑接線端子。(注意！D_6 的方向要裝正確)

17. 拿 1A 之保險絲暫時跨接於紅、黑端子間(即暫時用 1A 的保險絲把紅、黑端子短路起來)。

18. 把充電機的插頭插上 AC 110V 的電源後，保險絲應安然無恙，且 LED 發亮。若 1A 之保險絲熔斷且 LED 熄掉，表示 TR_3 的接腳錯誤或銲接不良，需仔細檢查並更正之。

19. 充電器工作正常後，把紅、黑端子間所跨接的 1A 保險絲移走(此時 LED 會熄滅，正常)，並把充電器的插頭拔離插座。本充電器已大功告成。

20. 欲充電時，把 6V 蓄電池的正極接至本充電器的紅色接線端子，負極接至黑色接線端子，並把充電器的插頭插上 AC 110V 之電源即可。此時 LED 會發亮，同時蓄電池將因充電而冒氣泡，待充電完畢時，充電器會自動停止充電，並令 LED 熄滅。

21. 已充飽電的蓄電池拿走後，必須把充電器之插頭拔離插座。

22. 蓄電池自動充電的工作，可利用夜晚睡覺的時間進行，等你一覺醒來，蓄電池早已充飽電等著你去用它了。

電話鈴響指示器

　　筆者有一個從商的朋友，桌上擺了三台電話機，一忙起來往往分辨不清是哪台電話機在響，而時常拿錯話筒，因此筆者受託，製作了電話鈴響指示器，分別安裝在他的每台電話機上，以供區別何台電話機在響。每當電話鈴響時，相對應的LED即閃閃發光，加以指示，用起來頗為方便。

　　由於電話鈴響指示器的造價低廉，且不需電源(LED 所需之能源係借自電信局的振鈴訊號)，甚具實用性，所以在此介紹給讀者們，以便有所需要時可派上用場。

15-1　電路簡介

　　電信局的電路，平時是加上 48 伏特的直流電源。(電信局的交換機所以知道用戶的話筒是提起或掛斷，用戶所撥的電話號碼是幾號，完全是利用此組 48 伏特直流電源所輸出電流之有無加以判別。) 但當有外線叫入時，電信局即送出 16Hz 75V 的交流振鈴訊號使電鈴鳴響。

　　明白電話的基本工作原理後，我們可知，由電信局拉到家裡的電話機那兩條線，平時是加直流電，鈴響時則加有交流電。因此，欲設計一個平時熄滅，鈴響時明亮之指示燈，只要想辦法區分交流電與直流電即可。

　　用以區分交流電與直流電的最簡便零件為電容器。因為電容器的容抗

$$X_C = \frac{1}{2\pi fc}$$

式中

X_C ＝容抗；Ω。

π ＝3.1416。

f ＝頻率；Hz。

C ＝電容量；法拉。

　　所以電容器允許交流通過，而不允許直流(直流電的頻率f等於零)通過。如圖15-1所示。

圖 15-1

　　然而欲以較低的電流獲得較高的亮度，一般的燈泡是無法辦到的，因此我們必須以發光二極體 LED 來作指示。但是 LED 具有單向導電的特性，所以若直接把圖 15-1(b)中之燈泡改用 LED，LED 將無法正常工作。實用的電路如圖 15-2 所示，交流電流通過電容器 C 後，經橋式整流電路$D_1 \sim D_4$變成直流後才供給 LED，如此即能使 LED 發亮。

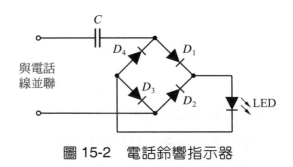

圖 15-2　　電話鈴響指示器

　　圖 15-2 即為本製作之實際電路。由於電容量若用的較小，則 X_C 較大，通過 LED 的電流較小，LED 較暗，若用容量較大的電容器則 X_C 較小，LED 較亮，所以我們只要適當的選擇電容量，即能令 LED 發出我們所需的亮度。

 ## 15-2　零件之選購、測試

0. 材料表

圖 15-2 的詳細材料表，請見第 318 頁。

1. 電容器

(1) 電容器 C 採用 0.3～0.5μF 者均可。由於 0.1μF 的電容器較易購得，所以是將三個 0.1μF 的電容器並聯起來使用，如圖 15-3 所示。

(2) 電容器的耐壓不得小於 200V，可選用塑膠膜電容器。

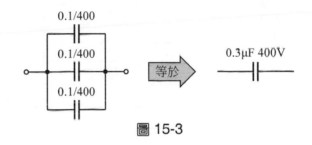

圖 15-3

2. 二極體

二極體 D_1～D_4 只要是耐壓不小於 200V 者均可採用。可以使用價廉易購的 1N4004～1N4007 皆可。

3. 發光二極體

LED 選用 3mmϕ 的紅色 LED 較醒目。

 ## 15-3　實作技術

1. 本製作的零件非常少，所以到電子材料行買一小塊萬用印刷電路板來銲一銲即可。可省掉自己洗 PC 板的麻煩。

2. 裝製之前，所有的零件都要以三用電表測試，證明是良好的。

3. 製作時二極體及 LED 的方向千萬不要接反。

4. 裝好後,只要把「電話鈴響指示器」的兩條線接到「電話機」的那兩條引線即可,如圖 15-4 所示。

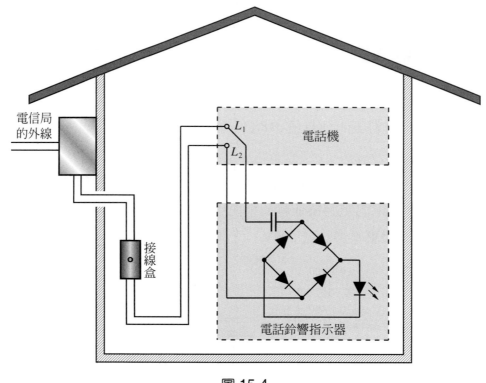

圖 15-4

5. 線接好後,反覆的提起話筒→掛斷電話→提起話筒→掛斷電話,由於電話在 ON→OFF→ON→OFF 時會產生脈衝的關係,電話鈴響指示器的 LED 應會隨之明滅。

6. 第 5 步驟若無法正常工作,則表示你太粗心了,零件只有這麼少竟然還裝錯了。趕快找找看到底是哪個零件裝錯了。

7. 第 5 步驟正常後,本電話鈴響指示器的製作及安裝均已完成。等有人打電話來時,LED 即能隨鈴聲明滅而加以指示了。

8. 你的桌上若有好幾台電話機擺在一起,那麼每一台電話機必須各自裝上一個「電話鈴響指示器」。

9. 你若嫌 LED 的亮度不很夠,那麼可把電容器由 0.3μF 提高至 0.5μF,以獲得較高的亮度。不過,筆者製作了好幾台都是只使用 0.3μF 即獲得令人滿意的亮度。

電極式水位自動控制器

最近幾年，本省的建築業大為發展，隨著公寓、洋房的大量興建，水塔用的水位自動控制器亦被大量的使用著。

以往，一般家庭所用之水位自動控制器，皆為圖 16-1 所示之浮球開關。水位低時浮球開關的接點閉合，抽水機抽水入水塔，水位高時，接點打開，抽水機停止抽水。其動作情形如下：

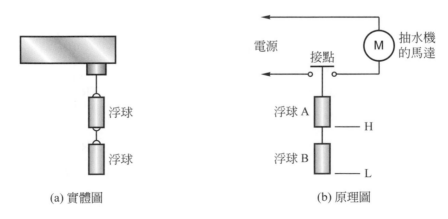

(a) 實體圖　　　　　　　　　　　　(b) 原理圖

圖 16-1　浮球開關

1. 當水位低於 L 時，浮球 B 與浮球 A 兩者之重量和使接點閉合，電路接通，抽水機抽水入水塔。

2. 水位高達 L 後，雖然浮球 B 隨著水面上浮，但是浮球 A 的重量使接點保持閉合，因此抽水機繼續抽水。

3. 水位升高至 H 後，浮球 A 亦隨著水面上浮，則浮球 A 及浮球 B 均不加重量於接點，接點靠彈簧的力量打開。

4. 當打開水籠頭用水，而使水塔的水面降至 H 以下 L 以上時，雖然浮球 A 對接點施以重力，但浮球 B 還浮於水面上(被水托住)，因此接點保持打開。

5. 直至水位低於 L 時，浮球 A 與浮球 B 之重量和使接點閉合，成為 1 之狀態，抽水機再度通電抽水。

6. 重複以上動作，即能達成自動控制水位之目的。

雖然浮球開關的結構簡單，價格低廉，然而卻容易因為受潮、腐蝕而使接點動作失常，本電極式水位控制器即用以取代浮球開關而達成水位自動控制之目的。

16-1 電路簡介

電極式水位自動控制器之電路如圖 16-2 所示。其最高水位與最低水位乃依電極棒 E_1 與 E_2 之高度而定。茲將其工作原理說明如下：

1. 電源變壓器將 AC 110V 之電源降為 AC 12V，作為控制回路之電源。

2. 當水位低於 E_2 時，各電極棒之間並無水可供導電，故電晶體 TR_1 無法獲得基極電流。此時 TR_1 截止，TR_2 亦截止，SCR 由 R_4 獲得閘極電流而導電，繼電器 R_Y 通電而令其常閉接點打開，使 E_1 與 E_2 兩隻電極棒不再相通；同時 R_Y 的常開接點閉合，使抽水機的馬達運轉，抽水入水塔。

3. 當水位高達 E_2 之位置時，由於此時 E_2 不與 E_1 相通，故 TR_1 仍然無法導通，各零件之工作情形還是與 2 相同。抽水機繼續抽水。

4. 水位上升至 E_1 之位置時，由於 E_1 與 E_3 間有水導電，故 TR_1 獲得基極電流而導電，此時 TR_2 亦進入 ON 的狀態，集射極之間導通，把 SCR 的閘極與陰極短路，因此 SCR 不受觸發，繼電器 R_Y 釋放。R_Y 的常閉接點回復閉合狀態，令 E_2 與 E_1 相通，同時 R_Y 的常開接點亦恢復打開之狀態，馬達停轉，抽水機停止抽水。

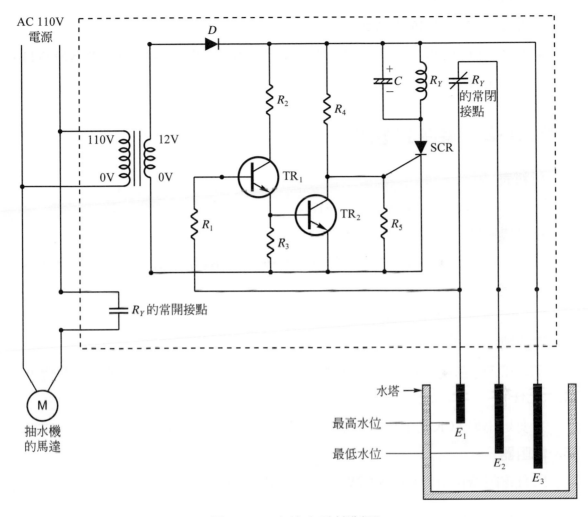

圖 16-2　水位自動控制器

5. 若打開水籠頭用水，以致水位降至低於 E_1 但高於 E_2 之時，由於 R_Y 的常閉接點使 E_2 與 E_1 相通，故 E_2 與 E_3 之間的水會使 E_1 與 E_3 相通，此時 TR_1 仍然導電，因此 $TR_1 \rightarrow ON$，$TR_2 \rightarrow ON$，$SCR \rightarrow OFF$，繼電器 R_Y 仍然釋放。馬達依然停止。

6. 當水位降至 E_2 以下時，各電極棒之間又無水可導電，情形與 2 相同，馬達再度通電運轉，抽水機抽水入水塔。

7. 本水位自動控制器之所以使用 SCR 控制 R_Y 的吸持與否，乃因 SCR 的靈敏度極高，且 ON 與 OFF 之動作明確。

8. 本機的電源只使用二極體 D 作半波整流，因此必須在繼電器的線圈並聯一個電容器 C，使繼電器的動作能很穩定。

9. 此水位自動控制器，筆者在設計電路時已考慮到使繼電器 R_Y 僅在馬達運轉的那一段時間才耗電，因此非常省電。

 ## 16-2　零件的選購

0. **材料表**

   圖 16-2 的詳細材料表，請見第 318 頁。

1. **電源變壓器**

   凡是 110V：12V 之小型電源變壓器均適用。不妨採用較易購得之 PT-5 變壓器。

2. **二極體**

   二極體 D 使用價廉易購的 1N4001 即可。

3. **電晶體**

   TR_1 和 TR_2 都使用 NPN 型電晶體，舉凡 2SC1815、2SC1384、2N3569 等皆可。

4. **SCR**

   只要是小型 SCR 均適用於本電路，但以 2AM4 或 C106B 最易購得。

5. **電阻器**

   所有電阻器使用 1/4W 或 1/2W 皆可，電阻值如下：

   $R_1 = 4.7K\Omega$　　　$R_4 = 4.7K\Omega$

   $R_2 = 4.7K\Omega$　　　$R_5 = 1K\Omega$

   $R_3 = 1K\Omega$

6. **電容器**

   電容器 $C = 100\mu F\ 25V$。

7. **繼電器**

   繼電器 R_Y 只要是 DC 12V 有兩對接點者即可。為便於利用其接點直接控制馬達，故繼電器的接點需能承受馬達額定電流的 1.25 倍以上，OMRON 及 National 皆有適用之產品。

8. **電極棒**

E_1、E_2、E_3 三隻電極棒以使用鍍鋅銅棒或不銹鋼棒爲佳，若一時找不到，可使用三條導線代替。

16-3　實作技術

1. 讀者諸君已經製作過不少電路了，爲了增強大家設計 PC 板之能力，這個不算複雜的電路，PC 板留給大家練習設計。

2. 把二極體、電阻器 R_4 及 R_5、SCR、電容器C、繼電器的線圈接好。並接上電源變壓器。

3. 通上 AC 110V 電源至變壓器，繼電器應該會工作(繼電器工作時，銜鐵會被線圈吸下而發出 "嗒" 一聲)，否則細查第 2 步驟在何處出了差錯。

4. 以一條導線暫時跨接在 R_5 兩端(即暫時把 R_5 短路)，繼電器應該會釋放(不吸)，否則 SCR 有問題。

5. 移走電源並移去跨接在 R_5 兩端的導線，然後把 TR_1、TR_2、R_2、R_3 均裝好。

6. 通上電源，此時繼電器會吸下而發出 "嗒" 一聲。

7. 以一條導線暫時跨接在 TR_1 的C～E腳(即暫時把 TR_1 的集極和射極短路起來)，此時 TR_2 會導電而令SCR截止，使繼電器釋放不吸。若繼電器不釋放，則其故障原因爲 TR_2 不良或 R_2、TR_1 銲接不良。

8. 若將導線改跨於 TR_1 的B～C腳(即暫時把 TR_1 的基極和集極短路起來)亦應令繼電器釋放不吸，否則 TR_1 不良。

9. 移走電源及跨接線後，把 R_1 及繼電器 R_Y 的各接點均接好。

10. 三隻電極棒以每邊相距大約 3 公分的正三角形方式固定於絕緣材料，然後以三條導線把三隻電極棒連接至水位自動控制器。本機已完成。

11. 通上電源，此時繼電器會吸下。

12. 當最長與最短兩隻電極棒之間(即 E_1 與 E_3 之間)有水時，E_1 與 E_3 間會導電，而使繼電器釋放。從此以後，此水位自動控制器將忠實的爲你服務了。

13. 若第 12 步驟不能正常動作，則需細查第 9 與第 10 步驟在何處出了差錯，並更正之。

多功能的迷你型擴音機

人們對自己未嘗試過的事情，總懷有一份神秘感與少許的恐懼感。從未使用過IC 的人對於 IC 也多懷有這種感覺。其實拿到一個 IC，只要你由廠商發行的資料手冊明白它的每一隻腳各有什麼功用，即可加以應用了，在使用上並不難。

為了讓讀者們熟悉有關 IC 的知識，筆者特別設計了這個"多功能的迷你型擴音機"作為本書使用 IC 的第一個製作。這個電路所採用的都是易購價廉的零件。筆者相信以這麼少的費用所製作出來的成品，一定會令你滿意。

IC 可分為線性 IC 與數位 IC 兩種。本製作採用 IC 的目的是作為放大之用，故所用之 IC 為線性 IC。至於數位 IC 則多供各種控制電路之用，採用數位 IC 的各種實用製作，本書稍後會加以介紹。

17-1　電路簡介

本製作之電路如圖 17-1 所示。要瞭解這個電路，我們必須先對運算放大器(簡稱為OP Amp 或 OPA)有所認識。運算放大器具有三大特徵：①輸入阻抗很大，②放大倍數很高，③輸出阻抗很低。它的符號是一個三角形，輸出端繪於三角形的尖端，兩個輸入端繪於對邊，接電源的接腳則分別繪於三角形的上邊和下邊，如圖 17-2(a)所示。在許多電路圖中，為了繪圖的方便，通常會將電源的接腳省略不繪，而繪成如圖 17-2(b)的形式。不過實際製作時，千萬別忘了接上電源。任何電路都一樣，若不供給它電源，你就別渴望它為你工作。

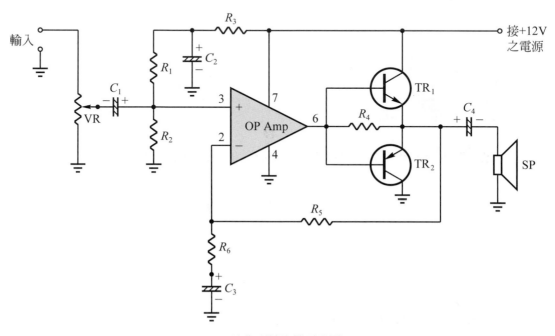

(a) 迷你型擴音機電路圖

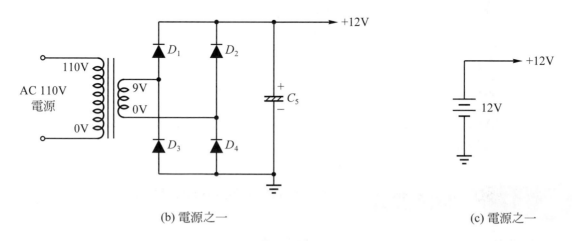

(b) 電源之一

(c) 電源之一

圖 17-1

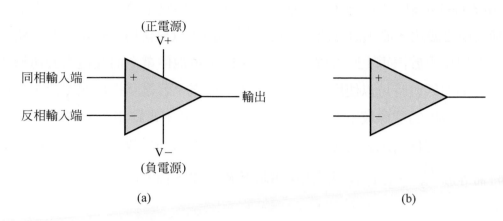

圖 17-2 運算放大器

　　由圖中可看出 OP Amp 共有兩個輸入端。標有 "－" 號的稱為反相輸入端，當有訊號加於反相輸入端時，在輸出端會產生一個反相 180 度的訊號。標有 "＋" 號的稱為同相輸入端，若此輸入端加上訊號，則輸出訊號會與輸入訊號同相。

　　圖 17-3 是一個由 OP Amp 所構成的最基本的放大電路。由於輸入訊號 V_{in} 是加於同相輸入端，因此輸出電壓 V_o 會與輸入電壓 V_{in} 同相。至於這個電路的放大倍數 A_v 則可使用 R 及 R_F 兩個電阻器來加以設定，以公式表之即為

$$A_v = \frac{V_o}{V_{in}} = \frac{R_F}{R} + 1$$

舉個例子來說，若 R 採用 $10K\Omega$，R_F 使用 $100K\Omega$，則這個電路就能把輸入訊號放大 $\frac{100K}{10K} + 1 = 11$ 倍。

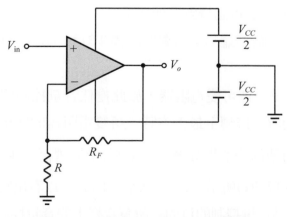

圖 17-3 同相放大器之基本電路

由圖 17-3 可以看出一般 OP Amp 的電路都是採用雙電源供電。本製作爲了能適於各種場所之應用，必須設計成只使用單一組電源，(只使用一組電源的電路有許多好處，例如使用於汽車上時可直接由汽車上的蓄電池供電。而在電力公司無法供電的場合，例如郊遊時可以使用乾電池或蓄電池供電。若電路採用雙電源，則在這些場合要取得適用的電源較不方便。) 故將圖 17-3 的基本電路修改成圖 17-4 所示之電路。爲了能夠把輸入訊號的正半週與負半週均對稱的加以放大，OP Amp 的輸出端在平時需等於 $\dfrac{V_{CC}}{2}$，因此我們以兩個電阻器 R_d 分壓，而使同相輸入端之直流電位等於 $\dfrac{V_{CC}}{2}$。

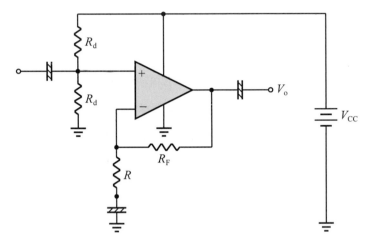

圖 17-4　使用單電源之同相放大器

一般 OP Amp 的輸出電流最大只有 20mA，本製作既是一個擴音機，其負載必爲揚聲器，但是以 20mA 去推動揚聲器顯然是太小了，發出來的聲音勢必小的可憐。因此我們在 OP Amp 的輸出端加上一對電晶體 TR_1 和 TR_2 把 OP Amp 的輸出電流加以放大。

圖 17-1 中之 VR 是一個可變電阻器，於此擔任音量控制的任務。當可變電阻器的中心臂如圖 17-5(a)所示被轉至最上方時，可變電阻器的輸出電壓(V_o)等於輸入訊號(V_{in})。當可變電阻器的中心臂如圖 17-5(c)所示被轉至正中央時，$V_o = \dfrac{V_{in}}{2}$。若把中心臂轉到底，如圖 17-5(e)所示，則 V_o 爲零。由此可以看出它是靠著把輸入訊號作某些程度的衰減而達到音量控制的目的。所有音響上的音量控制都是採用這種方式。

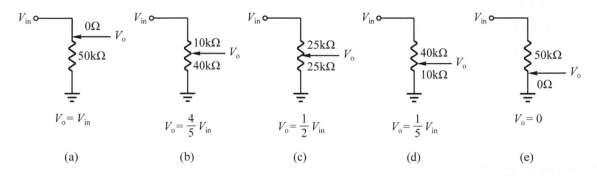

圖 17-5　音量控制的原理

圖 17-1(b)是一個 12 伏特的電源電路，你若使用乾電池或蓄電池等如圖 17-1(c)所示加以取代亦可。

R_3 與 C_2 所組成的電路稱為反交連電路(或稱為反耦合電路)，若加以省略，則當使用內阻較大的電源(例如以乾電池作電源，則當乾電池衰老時，內阻即增大) 時，揚聲器會發出"撥撥……"的汽船聲。

 ## 17-2　零件的選購

0. 材料表

圖 17-1 的詳細材料表，請見第 319 頁。

1. 電阻器

(1)　各電阻器之電阻值如下：

$R_1 = 100\text{K}\Omega$ 　　$R_4 = 100\Omega$

$R_2 = 100\text{K}\Omega$ 　　$R_5 = 47\text{K}\Omega$

$R_3 = 10\text{K}\Omega$ 　　$R_6 = 470\Omega$

(2)　各電阻器之瓦特數只要不小於 1/4W 者均可。

2. 可變電阻器

(1)　可變電阻器於此是作為音量控制之用，故需採用 A 型的。

(2)　使用 50KΩ(A) 或 100KΩ(A)者均可。

3. **電容器**

$C_1 = 1\mu F\ 16V$ $C_4 = 330\mu F\ 16V$

$C_2 = 100\mu F\ 16V$ $C_5 = 1000\mu F\ 25V$

$C_3 = 47\mu F\ 16V$

4. **二極體**

$D_1 \sim D_4$ 採用易購價廉的 1N4001 即可。

5. **運算放大器(OP Amp)**

(1) 由於 741 的特性優良，被各界大量採用的結果價格大量下跌，不但價廉而且易購，故我們採用 741 作爲本製作之心臟。

(2) μA741CP、CA741、SN52741、SN72741 等任何一種編號皆可。

6. **電晶體**

TR_1 可以使用 2SC1384 或 2N3569，TR_2 可以使用 2SA684 或 2N4355 之電晶體。

7. **揚聲器**

因爲本製作之輸出功率頗足，因此揚聲器最好採用不小於 2W 的 8Ω揚聲器，若附有堅固的喇叭箱，則音質更佳。

8. **電源變壓器**

(1) 只要是 110V：9V，電流容量不小於 300mA 之小型電源變壓器均可。

(2) 編號 PT-12 或 PT-6 者皆可符合所需。

9. **電源線**

購買一條 125V 6A 之電源線即可。

17-3　實作技術

1. 迷你型擴音機的 PC 板繪於圖 17-6 以供參考。

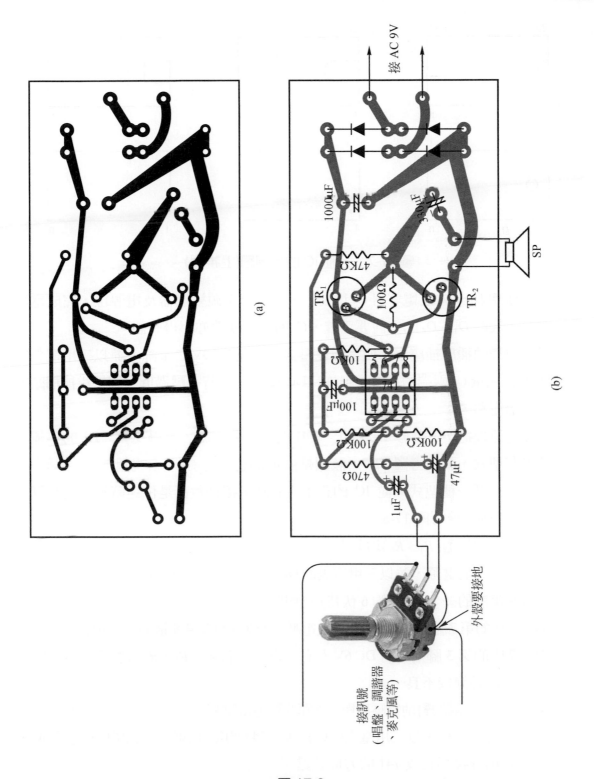

圖 17-6

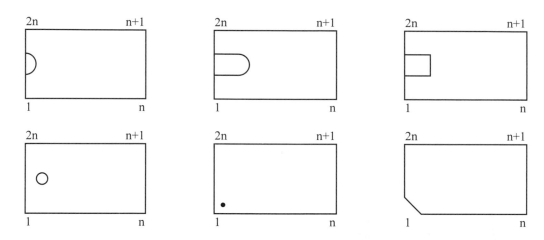

圖 17-7　各種 IC 的接腳圖(上視圖)

2. 把二極體 $D_1 \sim D_4$ 及電容器 C_5 均裝上，並接上電源變壓器及電源線，完成電源電路。裝時 $D_1 \sim D_4$ 的方向要正確，C_5 的正負極性亦不得有誤。

3. 將電源插頭插於插座上，使電源變壓器通上 AC 110V 之電源，並以三用電表的 DCV 檔測量 C_5 兩端的電壓，應該有 DC 12 伏特。若電壓過低，趕忙拔掉插頭，並檢修電路。

4. 去掉電源後把 741 裝於 PC 板上。741 的接腳要正確，不得反裝。IC 的各種不同包裝型式，請參考圖 17-7，該圖是由 IC 的正上方看(即上視圖)時之接腳排列圖。無論哪一種型式，從 IC 的正上方看時，接腳數都是依逆時針方向計算。741 的接腳請參考圖 17-8。

5. 把所有的電阻器($R_1 \sim R_6$)均裝上。

6. 電路再度通上電源，並以三用電表的 DCV 檔測量 741 的第 6 腳對地電壓，應該有電源電壓的一半(即大約 6 伏特)，否則細查：

   (1)　741 的第 7 腳是否有 DC 12V 之電壓。若無，則第 4 步驟有誤，或銲接不良。

   (2)　741 的第 3 腳是否有 DC 6V 左右之電壓。若無，R_1、R_2 銲接不良或 741 的第 3 腳銲接不良。

   (3)　741 第 2 腳的對地電壓應與第 6 腳的對地電壓相等，否則 R_4 或 R_5 銲接不良。

   (4)　移走電源後，以三用電表的 Ω檔測量 741 的第 4 腳對地之電阻，應為 0Ω，否則銲接不良或 741 的方向裝錯。

   (5)　若上述(1)～(4)步驟均正常，則 741 不良，需更新。

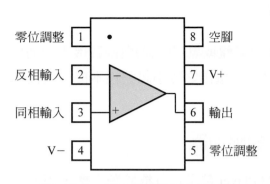

零位調整	1		8	空腳
反相輸入	2	−	7	V+
同相輸入	3	+	6	輸出
V−	4		5	零位調整

圖 17-8　741 接腳圖(上視圖)

7.　第 6 步驟正常後，移走電源，然後把 TR$_1$ 和 TR$_2$ 裝上。注意，TR$_1$ 是 NPN (2SC1384 或 2N3569) TR$_2$ 是 PNP(2SA684 或 2N4355)，兩個電晶體不得對調。

8.　把所有的電容器均依正確的位置裝上。正負極性需正確無誤。

9.　接上揚聲器 SP。

10.　通上電源，並以手指觸摸 741 的第 3 腳，此時揚聲器會有哼哼……的聲音產生。否則 C$_3$ 不良。

11.　若以手指觸摸 C$_1$ 的負端，揚聲器亦應有哼哼……聲音產生，否則 C$_1$ 不良。

12.　移走電源後，把可變電阻 VR 接上，本機即已完成。注意，VR 與 PC 板間之連接導線能短就盡量短，同時 VR 的外殼必須接地(參閱圖 17-6(b))，否則容易產生交流聲(哼……)。

13.　本機完全不需作任何調整即可良好的工作。

14.　可變電阻器是作為音量控制之用，把軸順時針旋轉時音量大，逆時針旋轉時音量減小。

15.　以下，我們介紹幾種迷你型擴音機的基本應用。至於如何使本機應用的更淋漓盡致，則有賴讀者們自己動動腦筋了。

17-4　基本應用

17-4-1　擴音機

　　將本機接上麥克風，即能作為擴音機用。閒來高歌一曲，不亦樂乎。開會時亦可派上用場。

🔲 17-4-2　電唱機

電唱機是由唱盤(CD唱盤或黑膠唱盤)與擴音機組合而成的,因此本機只要接上唱盤即可播放唱片。唱盤所輸出之微小訊號經本機放大後即能推動揚聲器而播出悠美的旋律。

🔲 17-4-3　隨身聽的附加器

一般的隨身聽 MP3 Player 都是以耳機聆聽音樂,不能多人共賞。當你在三五好友相聚,覺得獨樂樂不如眾樂樂,而欲多人共賞時,假如直接從隨身聽的耳機插孔接線至揚聲器,你會發現音量不足,揚聲器有氣無力。此時,你若從隨身聽的耳機插孔接線至本機加以放大,則隨身聽上的音樂即能由本機之揚聲器播出。

🔲 17-4-4　對講機

一部擴音機只要加上少許零件,即可成為對講機。圖 17-9 即為本機作為對講機時之電路。由圖中可看出只需增加①揚聲器兩個,②電晶體電路所用之輸出變壓器

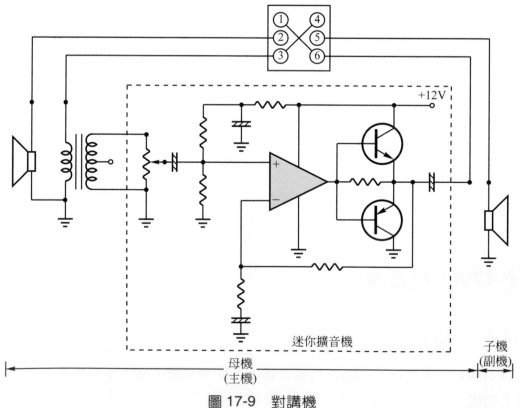

圖 17-9　對講機

壹個，③對講開關壹個。只要你已親自動手裝過或已詳細閱讀過「製作八」，筆者相信要把迷你型擴音機加裝這少許的零件而成圖 17-9 所示之對講機，對你而言將是輕而易舉的事。由於本機在不工作時，幾乎不耗電，因此電源可長期接上，而不必把插頭拔掉。

唯一必須注意的是，對講開關要如圖 17-10 接線，以使子機於平時處於送話狀態。也因爲如此，本機得以未設呼叫電路而大爲省事。

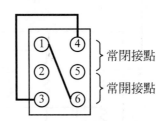

圖 17-10　把按鈕式雙刀雙投開關加接兩條導線作爲對講開關

□ 17-4-5　警報器

任何擴音機，只要加入足夠大的正回授，即能成爲警報器。(註：以零件將輸出訊號的一部份送回輸入端，稱爲回授。若此回授訊號與原輸入訊號相助者，稱爲正回授。)

迷你型擴音機若如圖 17-11 所示增設一個開關 SW 並加上一個電容器 C_x 作爲回授元件，即能成爲警報器。當 SW 閉合時，輸出端的訊號即經由 C_x 送回擴音機的 (同相)輸入端而構成正回授，令揚聲器發出警報聲。

電容器 C_x 可暫定爲 0.0039μF。若欲得更尖銳刺耳的聲音，可酌量降低電容量。反之，欲得較低沈的聲音，則可酌量增加電容量。到底 C_x 採用多大最合你意？你自己採用不同電容量的電容器試試看，然後自己決定。

警報器使用時，將開關 SW 閉合，並把可變電阻器 VR 順時針旋轉，使揚聲器發出尖叫聲即可。(註：若可變電阻器 VR 被逆時針旋轉到底，則 VR 的中心臂成爲如圖 17-5(e)之狀態，此時輸出端經 C_x 送回輸入端之訊號被接地，故不發生正回授作用，揚聲器不叫)。

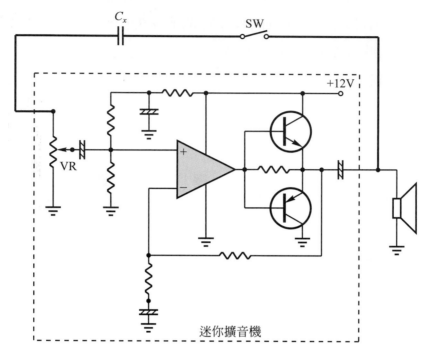

圖 17-11　警報器

燈光切換遙控器

一般家庭為了方便起見，燈具上附有小燈泡，而"日光燈、小電燈泡、熄"之用電狀況則如圖 18-1 所示，由切換開關或拉線開關為之。此種傳統的控制方式，身高不怎麼高的典型東方人，往往高舉著手還摸不到拉線開關的鏈子或被導線吊在半空中的切換開關，因此甚為煩人。筆者為了家人的方便，曾經設計了一個燈光切換遙控器裝在燈具上，所費不多但用起來頗為方便，特於此介紹給有此需要的讀者。

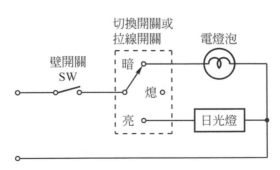

圖 18-1　傳統式的燈光控制方法

燈光遙控器如圖 18-2 裝於燈具後，燈光即能利用牆壁上原有的壁開關加以切換。第一次把壁開關 SW 閉合(ON)時小電燈泡亮，第二次把 SW 閉合時變成日光燈

亮，第三次把 SW 閉合時變成小電燈泡
亮，第四次把SW閉合時又成為日光燈亮
……如此不斷的循環。若要把燈熄掉則只
要把 SW 關掉(OFF)即可。就連小孩子用
起來，也覺得非常順手。

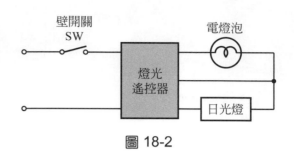

圖 18-2

18-1 電路簡介

燈光切換遙控器之電路如圖 18-3 所示。欲了解這個電路，我們必須先了解其心
臟－ CD4017B。

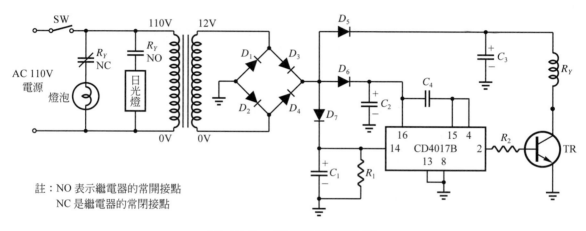

註：NO 表示繼電器的常開接點
　　NC 是繼電器的常閉接點

圖 18-3　燈光切換遙控器

CD4017B 是一個用途非常廣泛的數位 IC。所謂數位 IC，就是其輸入或輸出只
工作於 Hi 和 Lo 兩種狀態。Hi 表示高電位，Lo 表示低電位。當輸入端作 Lo 或 Hi 之
變化時，IC 的輸出端即輸出相對應之高電位或低電位。換句話說，數位 IC 不被用
來把輸入訊號成正比的放大。

常用的數位 IC 有 TTL 和 CMOS 兩大系列，編號 74××或 54××者為 TTL IC，
編號 40××者為 CMOS IC。以往的控制電路幾乎都採用 TTL IC 組成，但自從美
國 RCA 公司製造出 CMOS IC 後，由於 CMOS 數位 IC 具有①在較差的電源供給下
仍能正常工作，因此不需穩壓電源，可簡化電路。②有良好的抗雜訊特性。③輸入

阻抗高。④只消耗極小的功率(即很省電)。⑤價廉。等優點，因此目前在電路設計時，CMOS IC 常被最優先加以考慮。

　　CD4017B 的特性請參考圖 18-4。由圖 18-4(b)可知我們若把第 13 腳(CLOCK IN-HIBIT)和第 15 腳(RESET)加以接地(即接電源的負端)，則每當送入第 14 腳(CLOCK)之電位由低(Lo)變成高(Hi)時，其輸出腳之電位即隨著變更。"0"至"9"之中，任一時刻只有一腳為正(即Hi)，其餘各腳為零(Lo)，但其高電位是依序輸出，即依"0"(第 3 腳)→"1"(第 2 腳)→"2"(第 4 腳)→"3"(第 7 腳)→"4"(第 10 腳)→"5"(第 1 腳)→"6"(第 5 腳)→"7"(第 6 腳)→"8"(第 9 腳)→"9"(第 11 腳)→"0"(第 3 腳)→"1"(第 2 腳)→……之順序輸出高電位(Hi)。

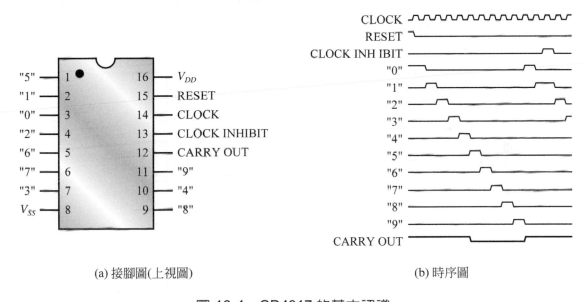

(a) 接腳圖(上視圖)　　　　　　　　　　(b) 時序圖

圖 18-4　CD4017 的基本認識

　　注意！當第 15 腳(RESET)被接至高電位(Hi)時，其輸出是保持在"0"(第 3 腳)輸出高電位之狀態。

　　好了，對 CD4017B 有這些基本的瞭解後，我們可以開始研討圖 18-3 的工作原理了。當 SW 第一次閉合起來時，雖然 C_1 兩端立即被充電而送一個由 Lo 變 Hi 的電壓至 4017 的第 14 腳(CLOCK)，但此時由於 C_4 的充電作用令 4017 的第 15 腳(RESET)加上 Hi，所以 4017 的第 3 腳輸出 Hi 而第 2 腳輸出 Lo，電晶體 TR 不導電，繼電器 R_Y 不吸，因此小電燈泡亮。

　　若把 SW 切掉(OFF)再閉合(ON)，則

1. 當 SW 被 OFF 時，C_2 兩端之電壓並未消失(因為 4017 的耗電極微)，因此 CD4017 仍然獲得電源而記住剛才的輸出狀態。

2. 此時 C_1 由於對 R_1 放電，其端電壓迅速降為低電位。

3. 當 SW 再度被 ON 時，C_1 兩端立即被充電而成為 Hi，此由 Lo 變成 Hi 之訊號令 4017 變成只有 "1"(第 2 腳)輸出 Hi 之狀態，而使繼電器 R_Y 吸持，日光燈亮。

   當開關 SW 再度被 OFF 又再度被 ON 時，4017 即依序變成只有 "2"(第 4 腳)輸出 Hi 之狀態，但是我們在電路中作了特殊的安排，把第 4 腳接至第 15 腳(RESET)，故此時 RESET 腳被加上 Hi 而使電路回復到只有 "0"(第 3 腳)輸出高電位之狀態，因此繼電器 R_Y 不吸持，成為小電燈泡亮之狀態。

   由上述說明我們可知開關每被 OFF 又 ON 時，燈光之狀態即被改變。本遙控器之工作時序圖示於圖 18-5 以供參考。

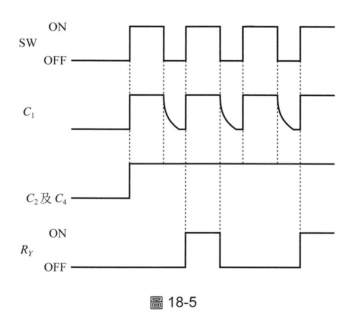

圖 18-5

18-2　零件的選購

讀者們至今已身經百戰，因此以下僅非常簡要的說明各零件值：

0. **材料表**

   圖 18-3 的詳細材料表，請見第 320 頁。

1. **電源變壓器**

   凡是 110V：12V 或 110V：9V 者均可使用。筆者建議讀者們選用 PT-5，因為這個編號的變壓器體積較小巧。

2. **二極體**

   $D_1 \sim D_7$ 均採用價廉易購的 1N4001 即可。

3. **積體電路**

   本製作是使用編號為 CD4017B 之數位 IC。請特別注意，不要購買 CD4017A，因為這種 IC 的耐壓較低，且輸出電流的能力較小。

4. **電晶體**

   凡是 NPN 型小功率電晶體皆可。諸如 2SC1815、2SC945、2N3569、2SC1384 等皆可。

5. **電容器**

   $$C_1 = 1\mu F\ 25V$$
   $$C_2 = 100\mu F\ 25V$$
   $$C_3 = 100\mu F\ 25V$$
   $$C_4 = 0.1\mu F\ 50V$$

6. **電阻器**

   $$R_1 = 10K\Omega\ ，\frac{1}{4}W$$
   $$R_2 = 4.7K\Omega\ ，\frac{1}{4}W$$

7. **繼電器**

   R_Y 選用 DC 12V 的小型繼電器，接點 10A 1C(就是接點可通過 10 安培，有一個常開接點和常閉接點)即可。

18-3　實作技術

1. 燈光切換遙控器之 PC 板設計圖繪於圖 18-6 以供參考。讀者們不妨使用稍大一些之 PC 板，以便把繼電器一起裝在 PC 板上。

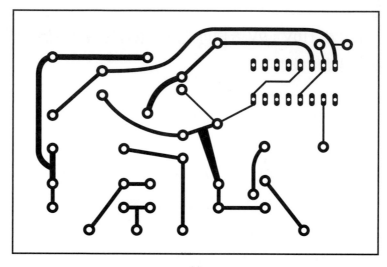

(a)

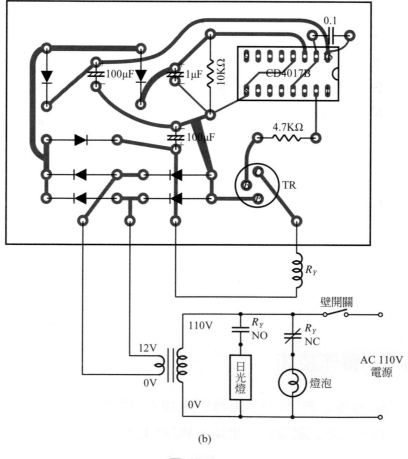

(b)

圖 18-6

2. 把所有的二極體、電容器、電阻器均裝好。二極體的方向及電容器的極性不得裝反了，這雖是老生常談，但又不得不提醒你處處細心。

3. 接上電源變壓器。

4. 電源變壓器通上 AC 110V 電源。

5. 以三用電表 DCV 檔測量各電容器兩端之電壓，應為

   $C_1 \fallingdotseq 14V$

   $C_2 \fallingdotseq 16V$

   $C_3 \fallingdotseq 16V$

   若所測之電壓與上述值相差很多，或極性相反，則立即移去 AC 110V 電源，並追查第 2 步驟與第 3 步驟是何處出了差錯。

6. 若第 5 步驟已正常，把三用電表 DCV 檔跨於 C_1 兩端。當 AC 110V 之電源移走時，C_1 的端電壓應迅速降至 0V，否則 R_1 銲接不良。

7. 移走 AC 110V 之電源後，繼續進行下一步驟。

8. 把 CD 4017B 銲於 PC 板上。注意，4017 的方向要裝正確。CMOS 數位 IC 的銲接要領是 V_{DD} 腳(CD 4017 即為第 16 腳)必須比 V_{SS} 腳(於 CD 4017 即為第 8 腳)先行銲接。

註：很多書本上會告訴讀者們，CMOS IC 很脆弱，係一摸就死的東西，銲接時手必須套上一只金屬環，然後再用一條導線把金屬環接地。其實這都言過其實。雖然 CMOS IC 很怕靜電，但現代的 CMOS 數位 IC 內部都設有保護電路，不會被手一摸就壞掉，放心的銲上去。

9. 將 AC 110V 電源加上後，以三用電表 DCV 測量 4017 的第 3 腳對地(即第 8 腳)電壓，應有高電位(大約 16 伏特)。將 AC110V 電源移走後再加上，則應變成第 2 腳輸出高電位，如此不斷將電源 OFF 後又 ON，則會在第 2 腳和第 3 腳輪流輸出高電位。

   若非如此，則：

   (1)　4017 的方向裝反了。

   (2)　4017 的第 4、8、13、14、15、16 腳之中有銲接不良處。

10. 移走電源後把電晶體 TR 及繼電器 R_Y 的線圈照圖 18-6(b)接好。

11. 把電源加上時 R_Y 不會吸下，把電源OFF後又ON則 R_Y 吸下。若把電源不斷OFF後又ON，則 R_Y 會吸 → 放 → 吸 → ……。若非如此，則第 10 步驟所裝之零件有接線錯誤或銲接不良處。若 4017 的第 2 腳銲接不良，亦會使繼電器 R_Y 的動作失常。

12. 以 R_Y 之常閉接點串聯電燈泡，常開接點串聯日光燈，如圖 18-6(b)所示，本製作即大功告成。

電子輪盤遊樂器

輪盤遊樂器就是先預測旋轉中的圓盤停止時，到底會停在哪個位置的遊戲。本製作就是要以電子的方式達成相同的功能。

本製作把 10 個 LED 配置成一個圓圈，當壓一下按鈕後，每個 LED 順序輪流發亮，最後會停止在某一 LED，不再移動。若最後發亮的那個 LED 與所預測者相同，則表示 "中彩" 了。年節製作一台，闔家同樂不亦快哉。

19-1　電路簡介

電子輪盤之電路如圖 19-1 所示。圖中之 IC_2 是一個 CD4017，在製作十八裡我們已經知道：只要在 CD4017 的第 14 腳(CLOCK)送入高低變化的電位，即能令其輸出腳依序輪流輸出高電位。因此在電子輪盤裡，我們只要設法加上一個振盪器，使按鈕按下至按鈕放開後的一段時間內送一些電位高低變動訊號至 CD4017 的第 14 腳，即能令 LED 順序輪流點亮。圖中的 IC_1 即用以產生方波加至 CD4017 的第 14 腳。

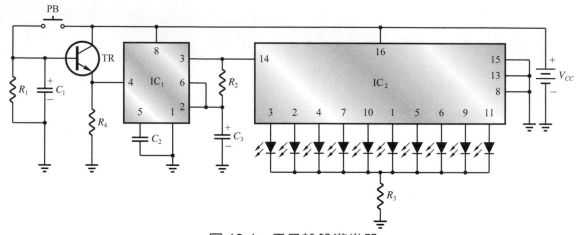

圖 19-1　電子輪盤遊樂器

　　IC$_1$ 是採用編號 555 之積體電路。由於 555 的用途極廣，在數位電路及各種工業控制電路中是一種很有用的元件，因此很多廠商都加入生產的行列，使它成為價廉物美的 IC。555 的接腳圖，請見圖 19-2，現在就讓我們共同來探討一下 555 各腳的功能：

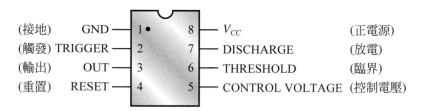

圖 19-2　555 的接腳圖(上視圖)

RESET (第 4 腳)：

接地或輸入電壓小於 0.4 伏特時，使輸出腳(第 3 腳)輸出低電位。

TRIGGER (第 2 腳)：

輸入電壓小於 $\frac{1}{3}V_{CC}$ 時，使輸出腳(第 3 腳)輸出高電位。

THRESHOLD (第 6 腳)：

輸入電壓大於 $\frac{2}{3}V_{CC}$ 時，使第 3 腳輸出低電位。

　　上述三腳之動作如果互相衝突時，其優先次序為 RESET 第一優先，TRIGGER 次之，THRESHOLD 最末。例如 RESET 加上小於 0.4 伏特的電壓，且 TRIGGER 加上小於 $\frac{1}{3}V_{CC}$ 的電壓，則輸出端(第 3 腳)會輸出低電位。

由以上說明可知，當 555 被接成圖 19-3(a)之狀態時，當輸入大於 $\frac{2}{3}V_{CC}$ 時，第 3 腳會輸出低電位；如果輸入電壓小於 $\frac{1}{3}V_{CC}$，則第 3 腳會輸出高電位。但若把第 4 腳接地，使成圖 19-3(b)所示之狀態，則無論輸入如何，輸出皆為低電位。

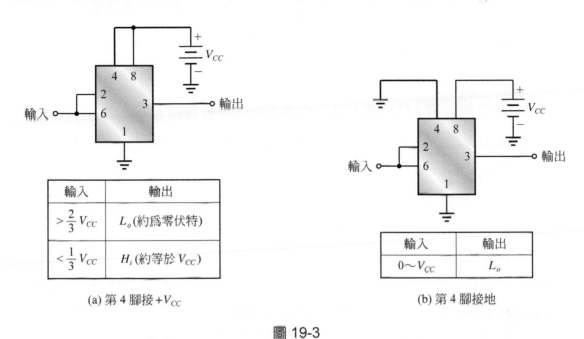

輸入	輸出
$>\frac{2}{3}V_{CC}$	L_o(約為零伏特)
$<\frac{1}{3}V_{CC}$	H_i(約等於 V_{CC})

(a) 第 4 腳接 $+V_{CC}$

輸入	輸出
$0\sim V_{CC}$	L_o

(b) 第 4 腳接地

圖 19-3

在電子輪盤的電路中，我們就是巧妙的應用了圖 19-3 的基本電路，而接成圖 19-4 之電路。

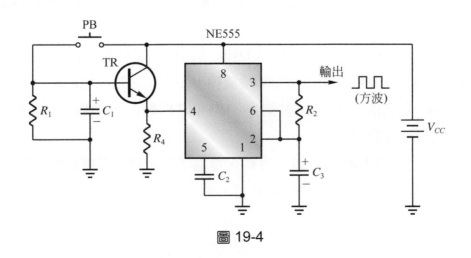

圖 19-4

茲將圖 19-4 說明如下：

1. 當按鈕PB被壓下時，C_1 充電至 V_{CC}，故 555 的第 4 腳被加上 V_{CC} 的電壓，令第 4 腳不起作用。

2. 此時因為 C_3 尚未充電，使第 2 腳之電壓小於 $\frac{1}{3}V_{CC}$，故令第 3 腳輸出高電位。

3. 第 3 腳的高電位經 R_2 向 C_3 充電以致 C_3 兩端之電壓大於 $\frac{2}{3}V_{CC}$ 時，因第 6 腳的電壓大於 $\frac{2}{3}V_{CC}$，故令第 3 腳輸出低電位。

4. 此時 C_3 經 R_2 向第 3 腳放電，因此 C_3 兩端的電壓會慢慢下降。

5. 當 C_3 兩端之電壓下降至小於 $\frac{1}{3}V_{CC}$ 時，第 2 腳之電壓小於 $\frac{1}{3}V_{CC}$，故令第 3 腳輸出高電位。

6. 第 3 至第 5 步驟重複循環之，第 3 腳即輸出一連串高低不斷變化之電壓(稱為方波)。

7. 第 3 腳輸出之電壓，高低變化之速度受到 R_2 及 C_3 大小之控制。當 R_2 與 C_3 的乘積愈大時，C_3 充放電的速度愈慢，若 R_2C_3 較小，則 C_3 的充放電速度較快，故**改變 R_2 或 C_3 之大小即可控制所輸出方波之頻率**。

8. 當手放開按鈕，使PB打開時，C_1 因向 R_1 放電，故兩端電壓緩緩下降。等到 C_1 兩端的電壓小於 1 伏特時，第 4 腳因電壓小於 0.4 伏特而起作用，令第 3 腳的輸出保持在低電位而不再輸出方波(稱為停止振盪)。C_1 從 V_{CC} 降至 1 伏特之時間與 C_1R_1 成正比，所以**欲改變手放開按鈕至停止振盪之時間，可以改變 C_1 或 R_1 的大小**。

9. 因為我們把圖 19-4 的第 3 腳接去 CD4017 的第 14 腳，所以當按下 PB 後，555 輸出的方波使 CD4017 的各輸出腳輪流輸出高電位而點亮 LED。在手放開 PB 後，經過一段時間，555 的方波消失，CD4017 即靜止而不再改變輸出狀態，使某一個 LED 一直亮著。

10. 至於 555 的第 5 腳所接之電容器 C_2，是為了防止雜波干擾而設，在一般應用中，這個電容器採用 0.01～0.1μF 皆可。

19-2　零件的選購

0. **材料表**

   圖 19-1 的詳細材料表，請見第 321 頁。

1. **積體電路**

   IC_1 使用 NE555 或 MC1455 皆可。IC_2 則使用 CD4017B。

2. **電容器**

   $C_1 = 100\mu F\ 16V$　　$C_2 = 0.01\mu F\ 50V$　　$C_3 = 1\mu F\ 16V$

3. **電阻器(1/4W)**

   $R_1 = 100K\Omega$

   $R_2 = 33K\Omega$

   $R_3 = 1K\Omega$ (電源使用 DC 9V～15V 時)

   $R_3 = 470\Omega$ (電源使用 DC 6V 時)

   $R_4 = 1K\Omega$

4. **LED**

   由於紅色的 LED 顏色較鮮明而且價格較廉，所以 10 個 LED 全部採用紅色的 LED。(以三用電表 R×10 檔測量，LED 應發亮，否則為不良品。)

5. **電晶體**

   凡是價廉易購之 NPN 小功率電晶體皆可。諸如 2SC1815、2SC945、2N3569、2SC1384 等皆可。

6. **小型按鈕開關**

   圖中之 PB，採用「平時接點不通，按下時接點相通」之型式即可。

19-3　實作技術

1. PC 板設計圖示於圖 19-5 以供參考。

2. 本製作之電源在 DC 6 ～ 15V 皆可正常工作，故可由下列任擇一種供電：①使用乾電池。②使用電源供應器。③使用 6V 或 12V 的蓄電池。

3. 把 IC_1 及 PB、C_1、C_2、C_3、R_1、R_2、R_4、TR 均裝好。IC 的方向一定要裝正確。

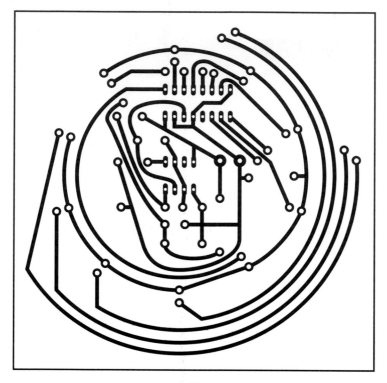

(a)

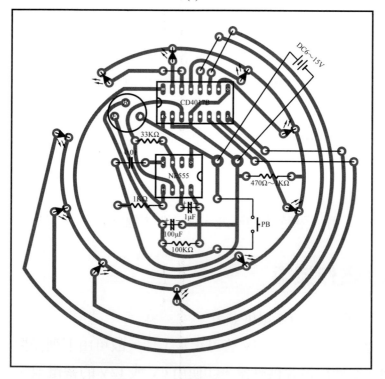

(b)

圖 19-5

4. 通上 DC 6 ～15V 之電源。正負極性一定要正確，否則 IC 甚易受損。

5. 以三用電表DCV檔測量 IC_1 的第 3 腳對地（"地"即電源的負極或 IC_1 的第 1 腳）間之電壓。按下 PB 時，三用電表的指針應會左右擺動，否則以三用電表的 DCV 檔照下列順序偵錯：

   (1) IC_1 的第 8 腳對第 1 腳之電壓應為 DC 6 ～15V(等於電源電壓)，否則 IC_1 的第 8 腳或第 1 腳銲接不良。

   (2) 壓下 PB 時 IC_1 的第 4 腳之電壓應大約等於電源電壓，否則 PB 不良、TR 不良或 IC_1 第 4 腳銲接不良。

   (3) 壓下 PB 後，第 3 腳一直輸出高電位(約等於電源電壓)則 R_2 銲接不良。

   (4) 壓下 PB 使 IC_1 的第 4 腳有高電位，且用一條電線把 IC_1 的第 2 腳暫時跨接到地。若 IC_1 的第 3 腳一直輸出低電位(2 伏特以下)，則 IC_1 不良。(測試完畢後請把跨接線移走。)

   (5) 若按下 PB 且以一條電線暫時把 IC_1 的第 6 腳跨接到正電源，第 3 腳的輸出大於 2 伏特，則 IC_1 不良。(測試後請把跨接線移走。)

6. 移走電源後，把 IC_2 接上。IC 的方向一定要正確。

7. 把 10 個 LED 及 R_3 均裝上。LED 的方向不得反接。

8. 通上直流電源。

9. 按下 PB 時 LED 會輪流點亮，放開 PB 一段時間以後 LED 會靜止下來，則本製作已大功告成矣。

10. 第 9 步驟若未能正常動作，則通上直流電源，並壓下PB，然後照下列順序偵錯：

    (1) IC_2 的第 16 腳對第 8 腳之電壓應等於電源電壓，否則第 8 腳或第 16 腳銲接不良。

    (2) 以三用電表的 DCV 測量 IC_2 的第 14 腳對地電壓，指針應會左右擺動，否則第 14 腳銲接不良。

    (3) 確認第 13 腳及第 15 腳均銲接良好。

    (4) 以三用電表DCV測量第 12 腳對地之電壓，指針應會以很慢的速度左右擺動。若三用電表的指針不會擺動則 IC_2 不良。

    (5) 確認 R_3 銲接良好。

    (6) 若上述步驟均正常，表示你把LED的方向接反了。顯然你太粗心大意了。

電子搶答機

遇到兩個人搶著辦一件事情(例如發言)的場合,最原始的方法是用猜拳來決定優先權,但猜拳卻全靠運氣,難令輸的人心服口服。電子搶答機雖亦用以決定何人優先,但反應較快者卻能搶盡先機,因此電子搶答機能利用科學的方法作公正的判斷。

 ## 20-1 電路簡介

電子搶答機是使用 R-S 正反器製成的。基本的 R-S 正反器如圖 20-1 所示,由兩個 NAND Gate 組成。NAND Gate 的特性如圖 20-2 所示,只要任何一個輸入端為 "0" 則輸出端即成為 "1"。明白了 NAND Gate 的特性後,相信讀者們略加思考,即能了解圖 20-1 所示之 R-S 正反器。

我們把兩個 R-S 正反器適當連接後,即成為圖 20-3 所示之電子搶答機。

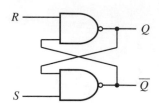

輸入		輸出	
R	S	Q	$\overline{Q}$
0	1	1	0
1	0	0	1
1	1	保持原狀	
0	0	1	1

圖 20-1　以 NAND Gate 組成的 R-S 正反
　　　　　器之特性

輸入		輸出
A	B	X
0	0	1
0	1	1
1	0	1
1	1	0

說明：　"1" 代表高電位
　　　　　"0" 代表低電位

圖 20-2　NAND Gate 特性表

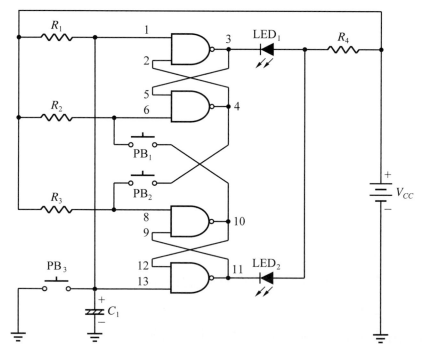

圖 20-3　電子搶答機

茲將電子搶答機之動作情形說明如下：

1. 電源剛接上(ON)時，由於 C_1 尚未充電，故IC的第 1 腳及第 13 腳均輸入 "0"，而令第 3 腳及第 11 腳輸出 "1"，此時兩個LED均不亮。同時，第 4 腳及第 10 腳均輸出 "0"。

2. 當 C_1 經 R_1 充電而成為高電位 "1" 時，電路不受影響，保持原狀，LED 還是全熄。

3. 當 PB_1 及 PB_2 被按下時，其中一個按鈕會先閉合，另一個按鈕會略遲一點點才閉合：

　　(1)　若 PB_1 先閉合，則第 10 腳的 "0" 送至第 6 腳而令第 4 腳輸出 "1" 使 PB_2 失效。同時第 3 腳輸出 "0" 而令 LED_1 發亮。按鈕放開後，LED_1 保持發亮。

　　(2)　若 PB_2 先閉合，即第 4 腳的 "0" 送至第 8 腳而令第 10 腳輸出 "1" 使 PB_1 失效，同時第 11 腳輸出 "0" 使 LED_2 發亮。按鈕放開後，LED_2 保持發亮。

4. 若按下 PB_3，則 C_1 被短路而放電，第 1 腳及第 13 腳又重新為 "0"，第 3 腳及第 11 腳均輸出 "1" 令兩個 LED 全熄。

5. 由以上說明可知每按一下 PB_3 以後，即可再由 PB_1 及 PB_2 互相搶答一次。

20-2　零件的選購

0. **材料表**

圖 20-3 的詳細材料表，請見第 322 頁。

1. **積體電路**

此處所用之IC編號為CD4011，是個價廉易購的積體電路。內部共有四個NAND Gate，如圖 20-4 所示。

2. **電阻器**

$R_1 \sim R_3 = 10K\Omega \quad \dfrac{1}{4}W$

$R_4 = 1K\Omega \quad \dfrac{1}{4}W$

3. **電容器**

$C_1 = 1\mu F \quad 16V$

4. **發光二極體**

   LED_1 及 LED_2 均採用紅色的 LED 即可。

5. **按鈕**

   任何型式皆可，選購 3 個你覺得滿意的按鈕即可。

第 14 腳接+V_{CC}

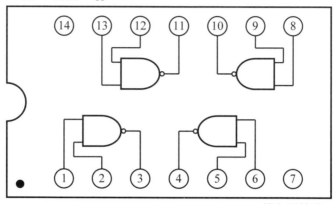

第七腳接地

圖 20-4　CD4011 的接腳圖(上視圖)

 20-3　實作技術

1. 本製作之零件不多，且讀者諸君已有不少的製作經驗了，因此 PC 板留給讀者們自己練習設計，以加強實力。必須留意的是 CD4011 的第 14 腳要接正電源($+V_{CC}$)，第 7 腳要接地。

   IC 一定要接電源才能工作，因此習慣上 IC 接電源的那兩隻腳在一般電路圖中均不予繪出。雖然圖 20-3 中亦未繪出 CD4011 的第 14 腳及第 7 腳，但圖 20-4 已明白的告訴你 CD4011 的第 14 腳必須接正電源($+V_{CC}$)，第 7 腳必須接地。

2. 電子搶答機的電源 V_{CC} 使用 6V～12V 均可。由於耗電極省，若以 9V 的乾電池供電亦可。

3. 本製作所用之 IC 只有一個，電路並不困難，只要 IC 的方向不插錯，銲接點沒有冷銲，LED 的方向、電容器的極性亦正確，則裝置後即能正常工作。

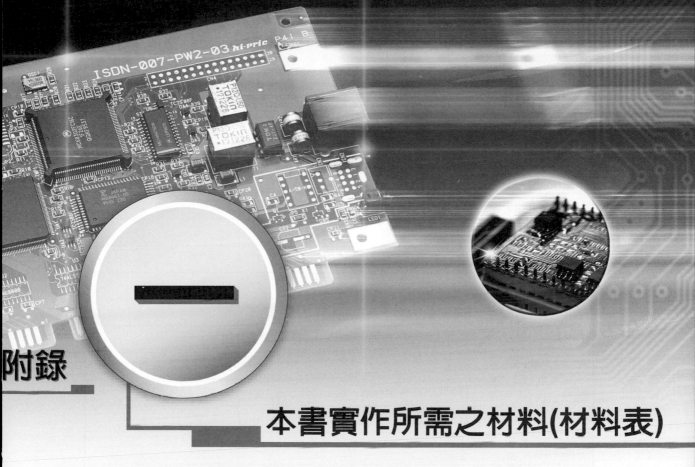

本書實作所需之材料(材料表)

製作一　電源供應器(圖 1-1)之材料表

名　稱	規　格		數量	備　註	
電晶體	2SC1384		3	TR_1、TR_2、TR_4	
	2N3055		1	TR_3	
二極體	1N4001		4	D_1、D_2、D_3、D_4	
稽納二極體	5.6V	250mW	1	ZD	
電容器	1000μF	25V	1	C_1	
	0.047μF	50V	1	C_2	(473)
	100μF	16V	1	C_3	
電阻器	1KΩ	$\frac{1}{2}$W	1	R_1	棕黑紅金
	1.5KΩ	$\frac{1}{4}$W	1	R_2	棕綠紅金
	3.3KΩ	$\frac{1}{4}$W	1	R_3	橙橙紅金
	0.5Ω	1W	1	R_S	綠黑銀金
玻璃管保險絲	1A	30mm	1	FUSE	
保險絲筒	30mm	AC10A250V	1		

製作一　電源供應器(圖 1-1)之材料表(續）

電源線	125V　　　6A 含插頭	1	
電源變壓器	110V：12V　1.2A	1	PT-12
小型搖頭開關	125V　　　3A	1	SW
接線端子	紅色博士端子	1	
	黑色博士端子	1	
散熱片	TO-3 用	1	
PVC 單心線	0.6mmϕ，鍍錫	若干	
錫絲	1mmϕ，含松香心	若干	
PC 板隔離柱	6mm	4	製作成品才需要
機箱	190 × 100 × 80mm	1	製作成品才需要
絕緣片	TO-3 用雲母片	1	
尼龍墊圈	$\frac{1}{8}$"	2	
鍍鋅螺絲	$\frac{1}{8}$" × $\frac{1}{2}$"	2	
鍍鋅螺母	$\frac{1}{8}$"	2	

製作二　家人留言指示器(圖 2-1)之材料表

名　稱	規　格	數量	備　註
電晶體	2SC1384 或 2SC1815	2	TR_1、TR_2
發光二極體	3mmϕ，紅色	2	LED_1、LED_2
電容器	10μF　　16V	2	C_1、C_2
	100μF　　16V	1	C_3
電阻器	470Ω　$\frac{1}{4}$W	2	R_1、R_4　　　黃紫棕金
	47KΩ　$\frac{1}{4}$W	2	R_2、R_3　　　黃紫橙金
PVC 單心線	0.6mmϕ，鍍錫	若干	
錫絲	1mmϕ，含松香心	若干	
電池扣	9V 電池用	1	製作成品才需要

製作三　電子節拍器(圖 3-1)之材料表

名　稱	規　格	數量	備　註
電晶體	2SC1384	1	TR$_1$
	2SA684	1	TR$_2$
小型輸出變壓器	14mm　　600Ω：8Ω	1	OPT
電容器	100μF　　10V	2	C$_1$、C$_2$
電阻器	33KΩ　$\frac{1}{4}$W	1	R$_1$　　　橙橙橙金
可調電阻器	100KΩ(B)	1	R$_2$
揚聲器	8Ω　　　0.5W	1	SP
滑動開關	2P　　　直腳	1	SW
PVC 單心線	0.6mmϕ，鍍錫	若干	
錫絲	1mmϕ，含松香心	若干	
電池扣	9V 電池用	1	製作成品才需要

製作四　寶寶尿濕報知器(圖 4-1)之材料表

名　稱	規　格	數量	備　註
電晶體	2SC1384	1	TR
電容器	0.1μF　　50V	1	C$_1$　　　　(104)
	0.01μF　　50V	1	C$_2$　　　　(103)
	220μF　　16V	1	C$_3$
電阻器	10KΩ　$\frac{1}{4}$W	2	R$_1$、R$_3$　　棕黑橙金
	1KΩ　$\frac{1}{4}$W	1	R$_2$　　　棕黑紅金
小型輸出變壓器	14mm　　600Ω：8Ω	1	OPT
揚聲器	8Ω　　　0.5W	1	SP
電池扣	9V 電池用	1	製作成品才需要
PVC 單心線	0.6mmϕ，鍍錫	若干	
PVC 多蕊線	AWG24 #1007	若干	又稱為絞線或軟線
錫絲	1mmϕ，含松香心	若干	

製作五　直流電子鳥鳴器(圖 5-1)之材料表

名　稱	規　格		數量	備　註	
電晶體	2SC1384		1	TR	
電容器	0.022μF	50V	1	C_1	(223)
	0.1μF	50V	1	C_2	(104)
	100μF	16V	2	C_3、C_4	
電阻器	33KΩ	$\frac{1}{4}$W	1	R_1	橙橙橙金
	1.5KΩ	$\frac{1}{4}$W	1	R_2	棕綠紅金
	1KΩ	$\frac{1}{4}$W	1	R_3	棕黑紅金
小型輸出變壓器	14mm	600Ω：8Ω	1	OPT	
揚聲器	8Ω	0.5W	1	SP	
小型按鈕開關	2P		1	SW	
PVC 單心線	0.6mmφ，鍍錫		若干		
錫絲	1mmφ，含松香心		若干		
電池扣	9V 電池用		1	製作成品才需要	

製作五　交流電子鳥鳴器(圖 5-4)之材料表

名　稱	規　格		數量	備　註	
電晶體	2SC1384		1	TR	
二極體	1N4007		1	D	
電容器	0.022μF	50V	1	C_1	(223)
	0.1μF	50V	1	C_2	(104)
	100μF	16V	1	C_3	
	220μF	25V	1	C_4	
電阻器	33KΩ	$\frac{1}{4}$W	1	R_1	橙橙橙金
	1.5KΩ	$\frac{1}{4}$W	1	R_2	棕綠紅金
	1KΩ	$\frac{1}{4}$W	1	R_3	棕黑紅金
	1KΩ	1W	1	R_4	棕黑紅金
小型輸出變壓器	14mm	600Ω：8Ω	1	OPT	
揚聲器	8Ω	0.5W	1	SP	
小型按鈕開關	2P		1	SW	
PVC 單心線	0.6mmφ，鍍錫		若干		
錫絲	1mmφ，含松香心		若干		
電源線	125V　6A 含插頭		1		

製作六　電子琴(圖6-1)之材料表

名　稱	規　格		數量	備　註	
電晶體	2SC1384		2	TR$_1$、TR$_2$	
	2SA684		1	TR$_3$	
電容器	0.1μF	50V	1	C$_1$	(104)
	0.047μF	50V	2	C$_1$、C$_2$	(473)
	220μF	16V	1	C$_3$	
電阻器	330Ω	$\frac{1}{4}$W	1	R$_{23}$	橙橙棕金
	3.3KΩ	$\frac{1}{4}$W	1	R$_{20}$	橙橙紅金
	3.9KΩ	$\frac{1}{4}$W	1	R$_{17}$	橙白紅金
	4.3KΩ	$\frac{1}{4}$W	1	R$_{19}$	黃橙紅金
	5.1KΩ	$\frac{1}{4}$W	1	R$_{14}$	綠棕紅金
	5.6KΩ	$\frac{1}{4}$W	1	R$_{18}$	綠藍紅金
	6.8KΩ	$\frac{1}{4}$W	2	R$_{15}$、R$_{16}$	藍灰紅金
	9.1KΩ	$\frac{1}{4}$W	3	R$_{10}$、R$_{12}$、R$_{13}$	白棕紅金
	12KΩ	$\frac{1}{4}$W	1	R$_7$	棕紅橙金
	15KΩ	$\frac{1}{4}$W	1	R$_3$	棕綠橙金
	16KΩ	$\frac{1}{4}$W	1	R$_9$	棕藍橙金
	20KΩ	$\frac{1}{4}$W	1	R$_{11}$	紅黑橙金
	24KΩ	$\frac{1}{4}$W	2	R$_6$、R$_8$	紅黃橙金
	30KΩ	$\frac{1}{4}$W	1	R$_{21}$	橙黑橙金
	33KΩ	$\frac{1}{4}$W	1	R$_4$	橙橙橙金
	39KΩ	$\frac{1}{4}$W	2	R$_2$、R$_5$	橙白橙金
	47KΩ	$\frac{1}{4}$W	2	R$_1$、R$_{22}$	黃紫橙金

製作六　電子琴(圖 6-1)之材料表(續)

小型輸出變壓器	14mm　　　600Ω：8Ω	1	OPT
揚聲器	8Ω　　　0.5W	1	SP
香蕉插頭		1	當演奏棒用
PVC 單心線	0.6mmϕ，鍍錫	若干	
PVC 多蕊線	AWG24 #1007	若干	絞線
錫絲	1mmϕ，含松香心	若干	
電池扣	9V 電池用	1	製作成品才需要

製作七　警車警報聲產生器(圖 7-1)之材料表

名　稱	規　格	數量	備　註
電晶體	2SC1384	3	TR_1、TR_2、TR_3
	2SA684	1	TR_4
發光二極體	3mmϕ，紅色	1	LED
電容器	10μF　　16V	2	C_1、C_2
	33μF　　16V	1	C_3
	0.01μF　　50V	1	C_4　　　　　(103)
	0.1μF　　50V	1	C_5　　　　　(104)
	100μF　　16V	1	C_6
電阻器	470Ω　$\frac{1}{4}$W	1	R_1　　　黃紫棕金
	47KΩ　$\frac{1}{4}$W	2	R_2、R_3　　黃紫橙金
	2.2KΩ　$\frac{1}{4}$W	1	R_4　　　紅紅紅金
	8.2KΩ　$\frac{1}{4}$W	1	R_5　　　灰紅紅金
	56KΩ　$\frac{1}{4}$W	1	R_6　　　綠藍橙金
	47Ω　$\frac{1}{4}$W	1	R_7　　　黃紫黑金
	180Ω　$\frac{1}{4}$W	1	R_8　　　棕灰棕金
揚聲器	8Ω　　　0.5W	1	SP
滑動開關	2P　　　直腳	1	SW(製作成品才需要)
電池扣	9V 電池用	1	製作成品才需要
PVC 單心線	0.6mmϕ，鍍錫	若干	
錫絲	1mmϕ，含松香心	若干	

製作八　對講機(圖 8-1)之材料表

名　　稱	規　　格		數量	備　　註	
電晶體	2SC1384		4	TR_1、TR_2、TR_3、TR_4	
	2SA684		1	TR_5	
二極體	1N4001		1	D	
電容器	33μF	16V	2	C_1、C_2	
	10μF	16V	2	C_3、C_4	
	47μF	16V	1	C_5	
	100μF	16V	1	C_6	
	220μF	16V	1	C_7	
	0.1μF	50V	1	C_x	(104)
電阻器	6.8KΩ	$\frac{1}{4}$W	1	R_1	藍灰紅金
	470Ω	$\frac{1}{4}$W	1	R_2	黃紫棕金
	4.7KΩ	$\frac{1}{4}$W	1	R_3	黃紫紅金
	1KΩ	$\frac{1}{4}$W	1	R_4	棕黑紅金
	100Ω	$\frac{1}{4}$W	2	R_5、R_6	棕黑棕金
	330Ω	$\frac{1}{4}$W	1	R_7	橙橙棕金
	56Ω	$\frac{1}{4}$W	1	R_8	綠藍黑金
	27KΩ	$\frac{1}{4}$W	1	R_9	紅紫橙金
	5.6KΩ	$\frac{1}{4}$W	1	R_{10}	綠藍紅金
	430Ω	$\frac{1}{4}$W	1	R_x	黃橙棕金
可變電阻器	50KΩ (A)或 20KΩ (B)		1	音量控制	
揚聲器	8Ω	0.5W	2	SP_1、SP_2	
小型按鈕開關	2P		1	S_1	
	6P		1	S_2	
滑動開關	2P	直腳	1	S_3　(搖頭開關亦可)	
PVC 多蕊線	AWG24#1007		若干	製作成品才需要	
PVC 單心線	0.6mmφ，鍍錫		若干		
錫絲	1mmφ，含松香心		若干		
電池扣	9V 電池用		1	製作成品才需要	

製作八　簡易型對講機(圖 8-12)之材料表

名　稱	規　格		數量	備　註	
電晶體	2SC1384		2	TR$_1$、TR$_2$	
電容器	4.7μF	16V	2	C$_1$、C$_2$	
	10μF	16V	1	C$_3$	
	33μF	16V	1	C$_4$	
	47μF	16V	1	C$_5$	
電阻器	39KΩ	$\frac{1}{4}$W	1	R$_1$	橙白橙金
	10KΩ	$\frac{1}{4}$W	1	R$_2$	棕黑橙金
	4.7KΩ	$\frac{1}{4}$W	1	R$_3$	黃紫紅金
	1KΩ	$\frac{1}{4}$W	1	R$_4$	棕黑紅金
	5.6KΩ	$\frac{1}{4}$W	1	R$_5$	綠藍紅金
	10KΩ	$\frac{1}{4}$W	1	R$_6$	棕黑橙金
	100Ω	$\frac{1}{4}$W	1	R$_7$	棕黑棕金
小型輸出變壓器	14mm	600Ω：8Ω	2	OPT	
揚聲器	8Ω	0.5W	2	SP$_1$、SP$_2$	
小型按鈕開關	6P		1	SW	
PVC 單心線	0.6mmφ，鍍錫		若干		
PVC 多蕊線	AWG24 #1007		若干	製作成品才需要	
錫絲	1mmφ，含松香心		若干		
電池扣	9V 電池用		1		

製作九　觸控電路(圖 9-3)之材料表

名　稱	規　格	數量	備　註
電晶體	2SC1384 或 2SC1815	6	TR$_1$～TR$_6$
發光二極體	3mmϕ，紅色	2	
電阻器	330Ω　$\frac{1}{4}$W	2	R$_1$、R$_4$　　橙橙棕金
	100KΩ　$\frac{1}{4}$W	2	R$_2$、R$_3$　　棕黑黃金
電池扣	9V 電池用	1	製作成品才需要
PVC 單心線	0.6mmϕ，鍍錫	若干	
錫絲	1mmϕ，含松香心	若干	

製作十　調光、調速器(圖 10-3)之材料表

名　稱	規　格	數量	備　註
TRIAC	TIC226B	1	200V 2A 以上者皆可
DIAC	DB3	1	其他編號亦可
二極體	1N4007	2	D$_1$、D$_2$
塑膠膜電容器	0.1μF　　50V	1	C$_1$　　　(104)
	0.1μF　　250V	1	C$_2$　　　(104)
電阻器	15KΩ　　1W	1	R$_1$　　　棕綠橙金
	1KΩ　　$\frac{1}{2}$W	1	R$_2$　　　棕黑紅金
	100Ω　　$\frac{1}{2}$W	1	R$_3$　　　棕黑棕金
可變電阻器	250KΩ(B)	1	VR
電源線	125V　　6A 含插頭	1	
插座	125V　10A	1	可用母插頭代替
PVC 單心線	0.6mmϕ，鍍錫	若干	
錫絲	1mmϕ，含松香心	若干	
旋鈕	塑膠旋鈕	1	裝在可變電阻器的轉軸上

製作十一 大功率閃爍警告燈(圖 11-1)之材料表

名　稱	規　格		數量	備　註	
SCR	C106B		1	SCR	
二極體	1N4007		3	D_1、D_2、D_3	
電容器	47μF	50V	1	C	
電阻器	3.3KΩ	$\frac{1}{2}$W	1	R_1	橙橙紅金
	22KΩ	$\frac{1}{2}$W	1	R_2	紅紅橙金
	27KΩ	$\frac{1}{2}$W	1	R_3	紅紫橙金
	1KΩ	$\frac{1}{2}$W	1	R_4	棕黑紅金
矮腳燈座	6A	125V	1		
電燈泡	110V	60W	1		
電源線	125V	6A 含插頭	1		
PVC 單心線	0.6mmφ，鍍錫		若干		
錫絲	1mmφ，含松香心		若干		

製作十二 燈光自動點滅器(圖 12-1)之材料表

名　稱	規　格		數量	備　註	
SCR	C106B		1	SCR	
電晶體	2SC1384		2	TR_1、TR_2	
二極體	1N4007		1	D	
稽納二極體	6.2V	500mW	1	ZD	
電容器	470μF	16V	1	C	
光敏電阻器	10mmϕ		1	CdS	
可變電阻器	100KΩ(B)		1	VR	
電阻器	4.7KΩ	$\frac{1}{4}$W	1	R_1	黃紫紅金
	2.2KΩ	$\frac{1}{4}$W	1	R_2	紅紅紅金
	5.6KΩ	$\frac{1}{4}$W	1	R_3	綠藍紅金
	10KΩ	$\frac{1}{4}$W	1	R_4	棕黑橙金
	1KΩ	$\frac{1}{4}$W	1	R_5	棕黑紅金
	100Ω	$\frac{1}{4}$W	1	R_6	棕黑棕金
	6.8KΩ	$\frac{1}{4}$W	1	R_7	藍灰紅金
	2.7KΩ	$\frac{1}{4}$W	1	R_8	紅紫紅金
	20KΩ	$\frac{1}{2}$W	2	R_9	紅黑橙金
電燈泡	110V	60W	1		
電源線	6A	125V 含插頭	1		
PVC 單心線	0.6mmϕ，鍍錫		若干		
錫絲	1mmϕ，含松香心		若干		

製作十三　可調式穩壓電源供應器(圖 13-1)之材料表

名　稱	規　格		數量	備　註
電晶體	2SA684		1	TR_1
	2SC1384		4	TR_2、TR_5、TR_6、TR_7
	2N3055		2	TR_3、TR_4
二極體	1N5400		5	$D_1 \sim D_4$、D_8
	1N4001		3	$D_5 \sim D_7$
稽納二極體	9.1V	500mW	1	ZD
電容器	2200μF	50V	1	C_1
	100μF	35V	1	C_2
	220μF	25V	1	C_3
	100μF	16V	1	C_4
	0.022μF	50V	1	C_5　　　　(223)
電阻器	10KΩ	$\frac{1}{4}$W	1	R_1　　　　棕黑橙金
	270Ω	$\frac{1}{4}$W	1	R_2　　　　紅紫棕金
	0.5Ω	1W	2	R_3、R_4　　　綠黑銀金
	430Ω	$\frac{1}{4}$W	1	R_5　　　　黃橙棕金
	1.5KΩ	$\frac{1}{4}$W	1	R_6　　　　棕綠紅金
	2.2KΩ	$\frac{1}{4}$W	1	R_7　　　　紅紅紅金
	1KΩ	$\frac{1}{4}$W	1	R_x　　　　棕黑紅金
可調電阻器	2KΩ (B)		1	R_7 (見圖 13-6)
電源變壓器	PT-33		1	
電源線	125V	6A 含插頭	1	
小型搖頭開關	125V	3A	1	SW
可變電阻器	1KΩ (B)		1	VR_1
	10KΩ (B)		1	VR_2

製作十三　可調式穩壓電源供應器(圖 13-1)之材料表(續)

指示燈	AC 120V	1	NL
玻璃管保險絲	1A　　　　30mm	1	FUSE
保險絲筒	30mm　　　AC10A250V	1	
接線端子	紅色博士端子	1	
	黑色博士端子	1	
香蕉插頭	紅色	1	
	黑色	1	
鱷魚夾	紅色	1	
	黑色	1	
散熱片	TO-3 兩個用	1	
絕緣片	TO-3 用雲母片	2	
尼龍墊圈	$\frac{1}{8}$"	4	
鍍鋅螺絲	$\frac{1}{8}$" $\times \frac{1}{2}$"	4	
鍍鋅螺母	$\frac{1}{8}$"	4	
PC 板隔離柱	6mm	4	製作成品才需要
機箱	電源供應器機箱	1	製作成品才需要
PVC 單心線	0.6mmϕ，鍍錫	若干	
PVC 多蕊線	AWG24#1007	若干	絞線
錫絲	1mmϕ，含松香心	若干	
花線	35 蕊　30 公分	1	
直流電壓錶頭	DC 30V	1	製作成品才需要
直流電流錶頭	DC 2A 或 DC 3A	1	製作成品才需要
旋鈕	塑膠旋鈕	2	裝在可變電阻器的轉軸

製作十四　全自動充電器(圖 14-3)之材料表

名　稱	規　格	數量	備　註
電晶體	2SC1384	2	TR$_1$、TR$_3$
	2N3055	1	TR$_2$
SCR	C106B	1	SCR
二極體	1N4001	5	D$_1$～D$_4$、D$_6$
	1N60	1	D$_5$
發光二極體	3mmϕ，紅色	1	LED
電容器	1000μF　　25V	1	C$_1$
	0.1μF　　50V	1	C$_2$　　　　　　(104)
	100μF　　16V	1	C$_3$
電阻器	1KΩ　　$\frac{1}{4}$W	2	R$_1$、R$_6$　　　棕黑紅金
	1.5Ω　　$\frac{1}{2}$W	2	R$_2$　　　　　棕綠金金
	3.3KΩ　　$\frac{1}{4}$W	1	R$_3$　　　　　橙橙紅金
	470Ω　　$\frac{1}{4}$W	1	R$_5$　　　　　黃紫棕金
可調電阻器	5KΩ(B)	1	R$_4$
電源變壓器	110V：12V 1.2A	1	PT-12
電源線	125V　　　6A 含插頭	1	
散熱片	TO-3 用	1	
絕緣片	TO-3 用雲母片	1	
尼龍墊圈	$\frac{1}{8}$"	2	
接線端子	紅色博士端子	1	
	黑色博士端子	1	
PC 板隔離柱	6mm	4	製作成品才需要
鍍鋅螺絲	$\frac{1}{8}$"$\times\frac{1}{2}$"	2	
鍍鋅螺母	$\frac{1}{8}$"	2	
機箱	190$\times$100$\times$80mm	1	製作成品才需要
PVC 單心線	0.6mmϕ，鍍錫	若干	
錫絲	1mmϕ，含松香心	若干	

製作十五 電話鈴響指示器(圖 15-2)之材料表

名　　稱	規　　格	數量	備　　註
塑膠膜電容器	0.1μF　　　400V	3	(104)
二極體	1N4007	4	
發光二極體	3mmφ，紅色	1	

製作十六 電極式水位自動控制器(圖 16-2)之材料表

名　　稱	規　　格	數量	備　　註
電晶體	2SC1384	2	TR_1、TR_2
SCR	C106B	1	SCR
二極體	1N4001	1	D
電容器	100μF　　　25V	1	C
電阻器	4.7KΩ　　$\frac{1}{4}$W	3	R_1、R_2、R_4　　黃紫紅金
	1KΩ　　$\frac{1}{4}$W	2	R_3、R_5　　棕黑紅金
繼電器	DC 12V　10A　2c	1	
電源變壓器	110V：12V　0.3A	1	PT-5
鍍鋅銅棒		3	電極棒 E_1、E_2、E_3
電源線	125V　6A 含插頭	1	接電源變壓器用
PVC 多蕊線	AWG24#1007	若干	接電極棒用
錫絲	1mmφ，含松香心	若干	

製作十七　多功能的迷你型擴音機(圖 17-1)之材料表

名　稱	規　格		數量	備　註
積體電路	μA741		1	OP　Amp
電晶體	2SC1384		1	TR_1
	2SA684		1	TR_2
二極體	1N4001		4	$D_1 \sim D_4$
電容器	1μF	16V	1	C_1
	100μF	16V	1	C_2
	47μF	16V	1	C_3
	330μF	16V	1	C_4
	1000μF	25V	1	C_5
電阻器	100KΩ	$\frac{1}{4}$W	2	R_1、R_2　　棕黑黃金
	10KΩ	$\frac{1}{4}$W	1	R_3　　棕黑橙金
	100Ω	$\frac{1}{4}$W	1	R_4　　棕黑棕金
	47KΩ	$\frac{1}{4}$W	1	R_5　　黃紫橙金
	470Ω	$\frac{1}{4}$W	1	R_6　　黃紫棕金
可變電阻器	50KΩ(A)		1	VR
揚聲器	8Ω	2W	1	SP　　　2W 以上皆可
電源變壓器	110V：9V　0.3A		1	PT-12 或 PT-6
電源線	125V	6A 含插頭	1	
PVC 單心線	0.6mmφ，鍍錫		若干	
PVC 多蕊線	AWG24#1007		若干	
錫絲	1mmφ，含松香心		若干	

製作十八 燈光切換遙控器(圖 18-3)之材料表

名 稱	規 格	數量	備 註
積體電路	CD4017B	1	
電晶體	2SC1384	1	TR
二極體	1N4001	7	$D_1 \sim D_7$
電容器	1μF　　　25V	1	C_1
	100μF　　25V	2	$C_2 \cdot C_3$
	0.1μF　　50V	1	C_4　　　　　　(104)
電阻器	10KΩ　　$\frac{1}{4}$W	1	R_1　　　　棕黑橙金
	4.7KΩ　　$\frac{1}{4}$W	1	R_2　　　　黃紫紅金
繼電器	DC12V　10A　1c	1	Ry
電源變壓器	110V：12V　0.3A	1	PT-5 或 PT-6
PVC 單心線	0.6mmϕ，鍍錫	若干	
錫絲	1mmϕ，含松香心	若干	

製作十九　電子輪盤遊樂器(圖 19-1)之材料表

名　　稱	規　　格	數量	備　　註
積體電路	NE555	1	IC_1
	CD4017B	1	IC_2
電晶體	2SC1384	1	TR
發光二極體	3mmϕ，紅色	10	LED
電容器	100μF　　16V	1	C_1
	0.01μF　　50V	1	C_2　　　　(103)
	1μF　　16V	1	C_3
電阻器	100KΩ　$\frac{1}{4}$W	1	R_1　　　　棕黑黃金
	33KΩ　$\frac{1}{4}$W	1	R_2　　　　橙橙橙金
	1KΩ　$\frac{1}{4}$W	2	R_3、R_4　　棕黑紅金
小型按鈕開關	2P	1	PB
電池扣	9V 電池用	1	製作成品才需要
PVC 單心線	0.6mmϕ，鍍錫	若干	
錫絲	1mmϕ，含松香心	若干	

製作二十　電子搶答機(圖 20-3)之材料表

名　稱	規　格	數量	備　註
積體電路	CD4011B	1	
發光二極體	3mmϕ，紅色	2	LED$_1$、LED$_2$
電容器	1μF　　16V	1	C$_1$
電阻器	10KΩ　$\frac{1}{4}$W	3	R$_1$～R$_3$　　棕黑橙金
	1KΩ　$\frac{1}{4}$W	1	R$_4$　　棕黑紅金
小型按鈕開關	2P	3	PB$_1$～PB$_3$
電池扣	9V 電池用	1	製作成品才需要
PVC 單心線	0.6mmϕ，鍍錫	若干	
錫絲	1mmϕ，含松香心	若干	

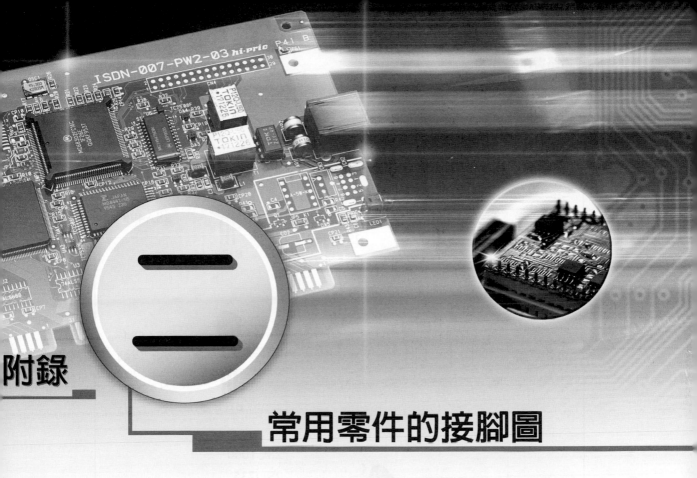

常用零件的接腳圖

1. 二極體

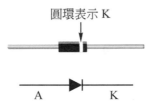

圓環表示 K

A ➤ K

2. 發光二極體

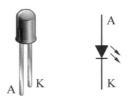

A K

A K

3. 電晶體

250mW 級	 E C B	2SA1015 2SC1815 2SA733 2SC945 等	 B C E	2SA495
500mW 級	塑膠　金屬 C ⬭ E ← E 標誌 B	2N3053 2N3569 2N4355 2N2222 等	 E C B	2SA684 2SC1384 等
20W 級	 B C E	2SC1060 2SD235 2SD313 TIP31 等		
50W 級	 外殼 C E ● B ●	2N 3055 M J 2955 2N 2955 2SC 1030 等		

4. SCR

5. TRIAC

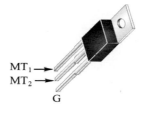

附錄

感光電路板的應用方法

台北市的金電子有限公司為了讓喜歡自己動手做的讀者們可以自己快速製作精緻的印刷電路板，特別推出了「金電子正性感光印刷電路板」在全省的電子材料行發售。茲將其應用方法說明於下，以供參考。

1. **選購材料**
   (1) 金電子正性感光印刷電路板共有 10 公分×15公分及 15 公分×30公分兩種規格，讀者可依所需電路板之大小而加以選購。
   (2) 記得順便在電子材料行購買一包金電子指示型顯像劑。
   註：包裝袋內有黃色液(變色指示劑)及白色粉(顯像劑)，若黃色液已分解呈清水狀時已喪失指示功能，請向該經銷商更換。

2. **準備透明稿**
   將自己繪製完成的 PC 板設計圖或書上、雜誌上之 PC 板設計圖用影印機印在透明片(又稱投影片)或描圖紙上，即成為所需之透明稿。

3. **調製顯像液**
   (1) 先在容器放入 500CC 的自來水。
   (2) 然後在容器放入黃色液 1 包。用竹筷子攪拌均勻。

(3) 最後在容器放入白色粉 1 包。用竹筷子攪拌。白色粉必須完全溶解方可顯像。

(4) 顯像液在調製後 12 小時內有效,故一次不必調太多,可依自己的需要量按上述比例調製。

4. **準備腐蝕液**

氯化鐵溶液可向電子材料行購買瓶裝的來用,也可自己調配,請見96頁之說明。

5. **曝光**

(1) 在室內拆開金電子正性感光印刷電路板的包裝袋,將綠色感光膜那一面朝下(避免受強光照射),依PC板設計圖之大小裁取適當大小之PC板。剩下的感光電路板可再密封於不透光之包裝袋中,可再用。

(2) 令感光電路板之感光面朝上,然後把在第 2 步驟已準備好之透明稿放在印刷電路板的感光面上。

(3) 最好用一片透明玻璃板蓋在上面,使透明稿與感光面密接。詳見圖 3-1。

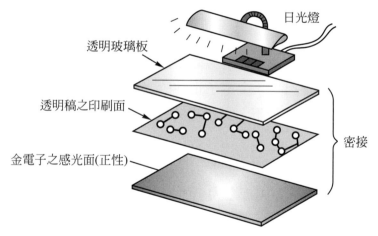

圖 3-1 透明稿之放置方法

(4) 放在日光燈下距燈管 5 公分處,照射燈光(即曝光)10～15 分鐘。如圖 3-2(a)。

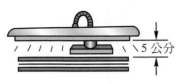
(a) 曝光 10～15 分

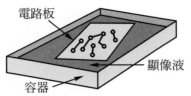
(b) 顯像 45 秒～90 秒

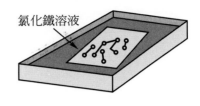
(c) 腐蝕 5～15 分

圖 3-2　感光電路板之製作程序

6. **顯像**

(1) 把曝光完畢之感光電路板浸入顯像液 45 秒～90 秒鐘。如圖 3-2(b)。

(2) 在顯像過程中，要保留的銅箔部份，感光膜的顏色會維持不變(綠色)。

(3) 在顯像過程中，不需要的銅箔部份(就是將來要用氯化鐵溶化掉的部份)之感光膜，顏色會依綠色→淺綠色→銅箔色→褐色→淺黑色→黑色→深黑色之順序隨時間變化，當顏色變成褐色時即表示顯影完成，請立即取出。

7. **水洗**

顯像完成之 PC 板，請用自來水沖 1 分鐘。

8. **腐蝕**

(1) 把PC板放入氯化鐵溶液中浸5～15分鐘，直至不要的銅箔已完全溶解為止。如圖 3-2(c)。

(2) 在看到不要的銅箔已完全蝕去後，就可以拿出來用自來水沖乾淨了。

9. **鑽孔**

(1) 選用適當大小的鑽頭鑽孔。

(2) 至此，一片精緻漂亮的 PC 板已大功告成了。

國家圖書館出版品預行編目資料

電子電路實作技術 / 蔡朝洋編著. -- 五版. -- 臺
　北縣土城市 : 全華圖書, 2010.12
　　面 ；　公分
　ISBN 978-957-21-7869-0(平裝)
　1.CST: 電子工程　2.CST: 電路
446.62　　　　　　　　　　　　99020590

電子電路實作技術

作者 / 蔡朝洋

發行人 / 陳本源

執行編輯 / 張繼元

出版者 / 全華圖書股份有限公司

郵政帳號 / 0100836-1 號

印刷者 / 宏懋打字印刷股份有限公司

圖書編號 / 0247602

五版八刷 / 2022 年 02 月

定價 / 新台幣 390 元

ISBN / 978-957-21-7869-0(平裝)

全華圖書 / www.chwa.com.tw

全華網路書店 Open Tech / www.opentech.com.tw

若您對本書有任何問題，歡迎來信指導 book@chwa.com.tw

臺北總公司(北區營業處)
地址：23671 新北市土城區忠義路 21 號
電話：(02) 2262-5666
傳真：(02) 6637-3695、6637-3696

南區營業處
地址：80769 高雄市三民區應安街 12 號
電話：(07) 381-1377
傳真：(07) 862-5562

中區營業處
地址：40256 臺中市南區樹義一巷 26 號
電話：(04) 2261-8485
傳真：(04) 3600-9806(高中職)
　　　(04) 3601-8600(大專)